LEÇONS

SUR LES

DÉFORMATIONS

VULVAIRES ET ANALES

PRODUITES

PAR LA MASTURBATION, LE SAPHISME, LA DÉFLORATION

ET LA SODOMIE

PAR

M. le Docteur L. MARTINEAU

Médecin de l'Hôpital de Lourcine
Membre de la Société medicale des Hopitaux
Membre correspondant de l'Académie royale de médecine de Rome
Secrétaire de l'Association générale des Médecins de France, etc, etc
Chevalier de la Légion d'Honneur
Grand officier de l'Ordre du Nicham-Iftikhar

Recueillies par M. LORMAND

INTERNE DES HOPITAUX

PARIS

ADRIEN DELAHAYE ET ÉMILE LECROSNIER, ÉDITEURS

23, PLACE DE L'ÉCOLE DE MÉDECINE, 23

1884

LEÇONS

SUR LES

DÉFORMATIONS

VULVAIRES ET ANALES

PRODUITES

PAR LA MASTURBATION, LE SAPHISME, LA DÉFLORATION
ET LA SODOMIE

OUVRAGES DE L'AUTEUR

Traité clinique des affections de l'utérus, 1 vol. in-8º, 1879.

Leçons sur la thérapeutique de la syphilis, 1 vol. in-8º, 1883.

Mémoires sur les injections hypodermiques de peptone mercurique ammonique dans le traitement de la syphilis.

De la bactérie syphilitique et de la syphilis du porc.

De la syphilis du singe.

Des endocardites.

De la maladie d'Addison.

De la morve et du farcin.

De la prophyllaxie de la syphilis.

Du vulvisme.

Du prurit vulvaire.

De l'esthiomène de la vulve.

Leçons sur la thérapeutique de la métrite.

De l'adéno-lymphite péri-utérine.

Leçons sur l'inflammation de la glande vulvo-vaginale.

Leçons sur la vaginite et la blennorrhagie (seront prochainement publiées)

Châteauroux. — Typ. et Stéréotyp. A. Majesté.

LEÇONS

SUR LES

DÉFORMATIONS

VULVAIRES ET ANALES

PRODUITES

PAR LA MASTURBATION, LE SAPHISME, LA DÉFLORATION
ET LA SODOMIE

PAR

M. le Docteur L. MARTINEAU

Médecin de l'Hôpital de Lourcine
Membre de la Société médicale des Hôpitaux
Membre correspondant de l'Académie royale de médecine de Rome
Secrétaire de l'Association générale des Médecins de France, etc., etc.
Chevalier de la Légion d'Honneur
Grand officier de l'Ordre du Nicham-Iftikhar

Recueillies par M. LORMAND

INTERNE DES HOPITAUX

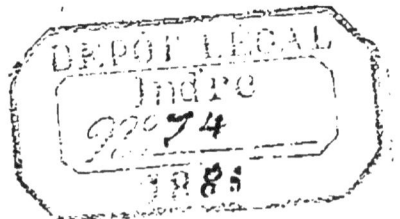

PARIS

ADRIEN DELAHAYE ET ÉMILE LECROSNIER, ÉDITEURS
23, PLACE DE L'ÉCOLE DE MÉDECINE, 23

1884

LEÇONS

SUR LES DÉFORMATIONS

VULVAIRES ET ANALES

MESSIEURS,

L'année dernière mes leçons ont eu pour objet la thérapeutique de la syphilis et de la métrite. Cette année je me propose de passer en revue les affections de la vulve et du vagin et de faire surtout l'étude de la blennorrhagie chez la femme.

Avant de la commencer, je désire appeler votre attention sur les déformations de la vulve et de l'anus produites par la masturbation, le saphisme, la défloration et la sodomie.

Pourquoi cette étude ?

1° Parce que les déformations vulvaires et anales sont extrêmement fréquentes. Si je consulte,

MARTINEAU. 1

en effet, la statistique des malades de mon service, je vois que depuis 1880, sur 1,770 observations, 500 cas de déformations vulvaires ou anales produites par la masturbation et le saphisme ou par la sodomie ont été relevés.

2° Parce que ces déformations sont très importantes en médecine légale. Tout expert doit connaître les déformations de la vulve, résultat de la défloration, du saphisme et de la masturbation, les déformations de l'anus produites par la sodomie. Mais ce n'est pas seulement le médecin légiste qu'elles intéressent : le médecin, dans sa pratique hospitalière ou civile, a souvent à faire l'application de ses connaissances cliniques sur ces déformations, ainsi que je vais le dire dans un instant.

3° Parce que l'étude de ces déformations conduit le médecin à la connaisance des moyens physiques qui les produisent et le mettent, dans bien des cas, sur la voie des lésions vulvaires et anales. C'est ainsi que certaines inflammations, excoriations, ulcérations, contusions vulvaires et clitoridiennes, certaines inflammations de la glande vulvo-vaginale, trouvent leur explication dans la masturbation, dans le saphisme, dans la défloration. C'est ainsi que certaines inflammations, déchirures, ulcérations anales ont leur origine dans la sodomie. C'est, de même, dans l'existence des déformations vulvaires et anales que le médecin trouve l'explication des troubles nerveux et nutritifs qui ne manquent jamais de se développer lorsque ces actes libidineux sont journaliers et répétés.

Sans insister pour l'instant sur les troubles intellectuels et moraux qui vont jusqu'à l'hypocondrie, le suicide et même le crime ; sans insister sur les troubles nerveux périphériques, tels que l'anesthésie, l'hypéresthésie et même la paralysie motrice, désirant montrer actuellement que je n'exagère nullement les conséquences de ces actes, je citerai seulement le cas d'une malade qui, sodomisée par son mari, est atteinte d'une paraplégie incomplète, parfois complète, après chaque acte contre nature. Ce fait, sur lequel je reviendrai, m'a été communiqué par un de mes excellents confrères, le docteur Bernard (de Cannes).

4° Enfin parce que cette étude met le médecin à même, dans bien des cas, de reconnaître chez la jeune fille, chez la femme adulte, l'origine d'une métrite constitutionnelle, d'apprécier la cause des rechutes, des récidives de la métrite et lui permet ainsi d'appeler l'attention des malades sur l'origine de l'affection et les causes qui en retardent la guérison. Dans mes conférences cliniques, il n'est pas de semaine où je ne vous montre la rechute, la recrudescence d'une métrite et de l'adéno-lymphite par le fait de la masturbation à laquelle se livrent les malades de mes salles. Chez les femmes galantes, chez les femmes mariées, dans ma pratique civile, maintes et maintes fois j'ai fait cette constatation et vous la ferez comme moi, une fois que vous connaîtrez les caractères cliniques et indélébiles des déformations vulvaires que je vais étudier. A tous ces titres, donc, l'étude des déformations vulvaires et anales est des plus importantes.

En 1880, j'ai attiré, pour la première fois, l'attention du monde médical sur quelques-unes des déformations vulvaires et en particulier sur celles produites par le saphisme. Je n'étais pas alors complètement fixé sur la valeur clinique de ces déformations et c'était avec une certaine réserve que j'avançais la description des signes que j'avais observés.

Depuis cette époque, j'ai étudié plus attentivement les déformations vulvaires et anales consécutives au saphisme, à la masturbation, à la défloration, à la sodomie. J'ai pu me convaincre de la réalité et de la constance des signes précédemment décrits. J'ai constaté que certains d'entre eux étaient plus accentués que je ne l'avais pensé tout d'abord. J'en ai découvert quelques autres qui sont tout aussi caractéristiques que les premiers. C'est encore là une des raisons qui me portent cette année à recommencer avec vous cette étude qui, je l'espère, sera des plus profitables pour votre instruction médicale.

Les déformations vulvaires et anales tiennent à différentes causes, les unes sont pathologiques, les autres sont d'ordre physique. Les premières résultent d'un état pathologique actuel, récent ou antérieur, de la vulve ou de l'anus ; les deuxièmes sont dues à une cause physique tenant soit aux fonctions physiologiques de ces organes, soit à des habitudes vicieuses, soit à des rapports contre nature.

Les premières ne nous occuperont pas. Elles sont fugaces, passagères ou elles relèvent d'un état morbide antérieur ou concomitant; elles en forment le cortège symptomatique. Elles consistent dans des œdèmes, des scléroses, des ulcérations, des cicatrices, des varices, des hypertrophies ; elles résultent d'un vice de conformation, d'un arrêt de développement: tel est l'hermaphrodisme.

Les deuxièmes seules doivent être l'objet de cette étude.

Les déformations vulvaires, dues à des habitudes vicieuses, résultent tantôt de la friction du clitoris par le doigt, par un corps étranger, par la la verge : c'est la *masturbation clitoridienne* ; tantôt de la friction du clitoris exercée par la langue et accompagnée de succion : c'est le *saphisme*. Les déformations anales sont produites par des rapports contre nature, par le coït anal : c'est la *sodomie* chez la femme, la *pédérastie* chez l'homme. Enfin les déformations vulvaires résultent de l'acte du coït, qu'il soit volontaire, licite ou criminel. C'est dans cette variété que rentre l'étude des déformations vulvaires produites soi-disant par la prostitution.

Les actes qui produisent les déformations de la vulve et de l'anus étaient connus et pratiqués dès la plus haute antiquité. De tout temps, Messieurs, le saphisme, la masturbation et la sodomie ont existé. Je ne puis ni ne veux faire de cette étude un historique complet qui m'entraînerait trop loin et qui a été fait du reste avec une scrupuleuse exactitude par un de mes excellents confrères et amis, M. le docteur Paul Moreau de Tours, dans son intéressant ouvrage « sur les aberrations du sens génésique ». Il me suffit de rappeler à votre souvenir les traditions qui nous ont été léguées sur Sodome et Gomorrhe, les lois que Lycurgue et Solon, que Zénon et Aristippe ont été obligés de promulguer pour maintenir et réglementer les débordements de leurs concitoyens. Il me suffit de mentionner les orgies restées fameuses des douze Césars, des empereurs et des impératrices romaines, de signaler les épidémies névropathiques et démonomaniaques du moyen âge, ainsi que les saturnales de la régence et du règne de Louis XV, pour vous montrer que ces actes libidineux ont occupé les moralistes bien antérieurement à notre époque.

Aujourd'hui, si nous n'assistons plus publiquement aux orgies, aux saturnales dont je viens de vous rappeler le souvenir, il ne faut pas croire que les actes contre nature, tels que la sodomie, que les habitudes vicieuses, telles que le saphisme, la masturbation, que le trafic de son corps, tel que la prostitution, soient moins fréquents. A ne prendre que les faits si nombreux que je soumets tous les jours à votre examen et dont je vous ai donné un aperçu au début de cette leçon, d'après le relevé de mes observations fait avec le plus grand soin par mon excellent interne, M. Lormand, vous pouvez apprécier leur fréquence. Aussi, plus j'observe, plus je reste confondu de l'extension que prennent chaque jour les passions sensuelles.

Ce n'est pas, en effet, seulement l'hôpital, c'est encore ma pratique civile qui m'édifie sur le mal moral qui envahit peu à peu toutes les classes de la société. Ce n'est pas seulement sur la prostituée libre, sur la prostituée soumise à la réglementation de la police, que je constate les déformations caractéristiques de la vulve ou de l'anus, produites par le saphisme ou par la sodomie, c'est aussi sur la femme mariée que je les retrouve, montrant ainsi que ces actes libidineux prennent de jour en jour une plus grande extension.

A quoi donc, Messieurs, attribuer cette progression effrayante des passions sensuelles qui tiennent les individus dans une fermentation telle qu'ils ne reculent pour les satisfaire, ni devant la violence, ni devant la fureur, qui ne reculent même ni devant le suicide, ni devant le crime?

Et lorsque je parle ainsi, je fais allusion à de nombreux exemples que j'ai recueillis, soit dans mon service, soit dans ma pratique civile, sur la sodomie et sur le saphisme. Je fais allusion à des documents écrits, à des lettres émanant de tribades, de sodomistes. Il faut lire ces lettres, qui expriment l'amour le plus intense, qui peignent la jalousie extrême dans ce qu'elle a de plus violent, relatent la passion furieuse qui anime les tribades ou les sodomistes lorsque les unes ou les autres apprennent qu'ils sont trompés dans leur amour contre nature ; il faut les lire pour comprendre que je n'avance rien qui ne soit vrai, en vous disant que le suicide et même le crime sont parfois le terme final de ces funestes et honteuses passions. Je ne puis aujourd'hui vous les communiquer, parce que je me propose d'en publier quelques-unes dans mon ouvrage sur la prostitution, qui paraîtra probablement à la fin de cette année. Dans le courant de ces leçons, je vous fournirai des exemples de la violence, de la fureur, de la rage que l'on peut observer chez les femmes saphistes, chez les sodomistes ; je vous montrerai notamment les lésions graves de l'anus et du clitoris produites dans l'acte de la sodomie et du saphisme.

Mais, Messieurs, si je ne puis vous communiquer actuellement les documents en question, je puis du moins m'en servir pour vous donner quelques renseignements sur les conditions étiologiques qui favorisent le développement et

1.

l'extension de ces actes contre nature. Je laisserai de côté, pour l'instant, celles qui ont trait à la sodomie, à la pédérastie, à la prostitution ; elles sont du reste assez connues depuis les travaux de Parent-Duchâtelet, de A. Tardieu, etc., etc. Je parlerai seulement du saphisme, des circonstances qui favorisent son extension croissante, des conditions où il se pratique. Cette question est peu connue et pourtant elle est des plus intéressantes pour le médecin et pour le moraliste.

Les conditions étiologiques qui président à la pratique du saphisme, à son extension, sont diverses. Tantôt elles résident dans les maisons publiques, dans les maisons où la prostitution est réglementée ; tantôt elles résident dans les maisons dites de *passe*, dans les appartements particuliers, tenus par des matrones favorisant la prostitution clandestine, dans certains magasins ou plutôt certaines boutiques de parfumerie, de ganterie, de papeterie, de librairie, etc., etc., dont le nombre augmente tous les ans, dans les hôtels où les femmes sont admises passagèrement aussi bien que les hommes. Tous ces appartements, toutes ces boutiques, toutes ces chambres d'hôtels bien connues dans Paris, sont habités ou fréquentés par des femmes qui se livrent à la pratique du saphisme aussi bien sur la femme que sur l'homme. Tantôt ces conditions étiologiques résident dans les ménages de femmes qui se constituent actuellement très fréquemment et dont je n'ai pas à rechercher ici les origines. Telles sont, Messieurs, les principales circonstances que j'ai relevées jusqu'à ce jour, comme favorisant l'extension de la pratique du saphisme ; circonstances qui me permettent de dire qu'actuellement il existe une prostitution du saphisme, analogue à la prostitution de la pédérastie, si bien décrite par A. Tardieu.

Quelques mots d'explication, Messieurs, me suffiront pour vous montrer la réalité de cette nouvelle prostitution.

L'étude qui va suivre est basée d'une part sur les observations des malades de mon service, relevées avec soin par mes élèves, surtout par M. Duchastelet, d'autre part sur les renseignements puisés dans les lettres de tribades. C'est à l'aide de ces documents réunis que j'ai pu étudier les mœurs des tribades, tirer quelques conclusions sur l'influence que le saphisme exerce sur leur caractère, et observer la forme que prennent leurs sentiments suivant les conditions de lieu et de fréquence de l'acte.

Ainsi que je viens de le dire, le saphisme se pratique dans les maisons publiques, dans les maisons soumises à des règlements de police, dans des boutiques connues, mais échappant à toute surveillance, ou bien dans des appartements privés, dans la famille.

D'après les relations établies entre les tribades, selon qu'elles sont suivies ou passagères, on peut classer les tribades, en tribades à relations continues et tribades à relations intermittentes. L'exposition de certains faits précisera mieux cette classification que toute explication basée sur des généralités.

Et d'abord, Messieurs, quel rôle les maisons publiques, les maisons surveillées par la police jouent-elles dans la pratique du saphisme?

Voici une lettre adressée par une femme de Saint-Lazare à une de ses amies, qui va vous édifier sur ce point. Cette lettre nous montre l'ascendant qu'une tribade peut exercer sur une autre. A la suite d'une scène de jalousie survenue à propos d'une troisième femme et dont il est question dans les premières lignes, la femme soupçonnée engage son amie à se faire inscrire avec elle sur les registres de la police et à entrer dans une maison publique, afin de ne plus se quitter et de vivre continuellement ensemble. De cette manière, ajoute-t-elle, aucun soupçon de jalousie ne pourra survenir entre nous et nous vivrons heureuses. La réponse, chose à peine croyable, contenue dans une lettre des plus érotiques, montre que le consentement ne s'est pas fait attendre.

Les maisons publiques, soumises à la surveillance de la police, servent, en effet, à l'établissement, à la formation des *ménages de femmes*. Je dis même plus : ces liaisons sont favorisées et encouragées par les patrons ou matrones de ces établissements pour la raison que voici. Ce sont eux qui parlent, je ne fais, Messieurs, que transcrire les renseignements qui m'ont été fournis.

« Lorsque, disent-ils, les femmes ont un amant de cœur (*un béguin*, suivant leur expression), elles quittent la maison les jours de sortie, et vont dépenser au dehors l'argent qu'elles ont pu amasser pendant la semaine. Les tribades, au contraire, ne profitent pas du jour de sortie, elles restent enfermées dans leur chambre, où elles se paient mutuellement des friandises et des liqueurs achetées dans la maison qui bénéficie ainsi de leurs dépenses. » C'est là, vous le voyez, un puissant agent favorisateur du tribadisme émanant des patrons d'établissements, qui, poussés par l'intérêt, préfèrent dans leurs maisons un couple tribade (dit ménage) à une femme isolée. Aussi les voyez-vous les rechercher avec soin et venir récolter leur moisson jusque dans nos hôpitaux, où, hélas ! les préliminaires de ces unions se nouent quelquefois.

Dans la vie privée, des ménages de ce genre se rencontrent fréquemment. Les brasseries servent à la formation de ces ménages ; aussi est-il fréquent de voir dans ces lieux publics deux femmes vivre ensemble. Elles arrivent à se suffire à peu près avec les pourboires des consommateurs ; elles repoussent le plus possible tout rapport sexuel avec l'homme. Lorsque, forcées par la pénurie, elles *font un michet (sic)*, c'est en cachette l'une de l'autre. Les tribades préfèrent souvent engager au Mont-de-Piété leurs vêtements ou leurs bijoux plutôt que de se faire des infidélités. Vous les reconnaîtrez ordinairement à un signe distinctif : elles ont généralement des toilettes exactement semblables ; elles ont les mêmes bijoux, et se disent sœurs. Aussi l'expression « petites sœurs », dans les bals, dans les brasseries, sur les boulevards, dans les jardins publics, est-elle devenue synonyme de tribade.

Le plus souvent les tribades se défendent énergiquement de leur vice. Quelques-unes au contraire aiment à faire connaître leurs habitudes
vicieuses par leur langage ou par leurs avances,
pour attirer vers elles l'attention des autres tribades ; elles font pour ainsi dire montre de leur
profession, et elles se glorifient de leurs con-
quêtes féminines avec lesquelles elles aiment à
s'afficher en public.

Les ménages de femmes se compliquent parfois : l'arrivée d'un homme y apporte un troisième élément, soit que les deux femmes se voient
à l'insu de leur amant ou de leur mari, soit que
la tribade impose à l'amant ou au mari la présence d'une amie à elle pour laquelle elle con-
serve une affection passionnée.

Les tribades intermittentes forment un type à
part et bien tranché. Ainsi dans leurs lettres vous
constatez que le style et l'orthographe dénotent
généralement une instruction plus rudimentaire
et une plus grande banalité de sentiments, que
dans les lettres de tribades à relations suivies. Il
est à remarquer, en effet, que les femmes qui se
mettent en ménage, c'est-à-dire qui observent
l'une envers l'autre une certaine fidélité, sont
celles qui ont reçu une instruction plus élevée et

possèdent une délicatesse de cœur plus grande.

La tribade intermittente est plus brutale. Chez elle, point de cette sensiblerie qui réunit les précédentes et les fait s'aimer passionnément. Un jour d'énervement, elle éprouve le besoin de satisfaire ses appétits sensuels ; alors elle a recours moyennant finance, aux Lesbiennes modernes qui font métier de la prostitution du saphisme. Elle se rend soit dans les maisons publiques, soit dans les maisons de passe connues pour cet usage, soit dans les boutiques que vous rencontrez depuis quelques années dans les principales rues de Paris, boutiques de parfumeries, ganteries, etc., pour satisfaire son excitation génésique. Elle ne lie aucune relation avec ces femmes saphistes de profession, elle les considère du reste comme ses inférieures, ses salariées en un mot. On peut comparer dans ce cas la tribade intermittente à l'homme. Comme lui, elle recherche les établissements, les maisons où elle est assurée de satisfaire sa passion du saphisme. Comme lui, elle recherche l'incognito ; elle recherche les maisons, les magasins, où elle peut entrer librement, sans éveiller des soupçons ; car, il faut bien le dire, la tribade intermittente est souvent mariée ou vit en concubinage. D'autres fois il s'agit d'une femme qui ne peut accepter cette vie de ménage entre femmes, et qui, tribade par intermittence, est heureuse de pouvoir satisfaire son caprice lubrique.

Certaines tribades intermittentes, plus rares, il est vrai, ne cachent nullement leurs habitudes vicieuses. Il est, notamment, une de ces femmes, déjà âgée (cinquante ans au moins), patronne de brasserie, qui ne conservait dans son établissement que les femmes qui consentaient à ses caprices lubriques. Il lui arrivait même d'aller se placer aux premiers rangs dans les cafés concerts, d'où elle jetait publiquement sur la scène des bouquets à l'adresse des *chanteuses* qu'elle convoitait.

L'enfance elle-même n'est malheureusement pas exempte des dégradantes pratiques dont il est question. Il existe de petites filles de dix à quinze ans qui courent les brasseries de femmes sous prétexte de vendre des fleurs, et qui sont bien connues pour leurs manœuvres saphiques, qu'elles exercent pour un prix plus ou moins élevé. Ces malheureuses enfants, le plus souvent jolies, avec leurs yeux cernés, ont une assurance d'allures précoce, un langage dont les réparties audacieuses, parfois obscènes, leur donnent un aplomb cynique qui contraste péniblement avec leur âge, et qui les caractérise. On voit ces précoces et infortunés agents de la prostitution du saphisme, circuler le soir très tard, dans les cafés, sur les boulevards, dans les bals publics, en bande de trois ou quatre, et offrant de petits bouquets. Elles ont généralement derrière elles des individus un peu plus âgés qui les surveillent et les préviennent des approches de la police, tandis qu'elles vont faire leurs offres de service aux femmes, aussi bien qu'aux hommes.

En dehors des pratiques saphiques déjà mentionnées, il en est d'autres observées chez des femmes qui, vivant de la prostitution, demandent à des artifices plus raffinés des jouissances que les actes naturels sont impuissants à leur procurer. J'ai surtout en vue, dans ce cas, le saphisme par les animaux. Malgré mon vif désir de rester dans les limites de la science, je ne puis pourtant pas négliger certaines circonstances où se pratique le saphisme, et je suis obligé de vous dire que ces femmes ne craignent pas d'avoir recours à des animaux et de vous signaler l'usage auquel elles destinent ces magnifiques caniches qu'elles promènent et qu'elles entourent de petits soins passionnés. Une éducation patiente a dressé ces bêtes dans l'art de fournir à leur maîtresse

des caresses, qu'un égal dégoût pour l'un et
pour l'autre sexe la réduit à chercher, je le répète, dans la fréquentation des animaux. Pour
vaincre les répugnances de ces instruments parfois indociles de leurs plaisirs, ces filles emploient
certains procédés, assez primitifs, qui consistent
non pas à *dorer*, mais bien à *sucrer* la pilule.

Avant de terminer cette étude sur les conditions
étiologiques et sur toutes les circonstances favo-
rables à la prostitution du saphisme, je dois dire
quelques mots, Messieurs, de l'influence exercée par l'homme sur l'extension et la progression constante de cet acte libidineux. Il faut
l'avouer, l'action de l'homme est des plus mani-
festes et souvent des plus actives. Au lieu de
refréner cette passion sensuelle qui, je le répète,
affecte de plus en plus la femme, il la favorise.
J'en ai la preuve la plus probante dans les observations recueillies dans mon service et dans ma
clientèle. En faisant allusion aux faits que je
vais vous signaler, je n'ai nullement en vue les
souteneurs qui, vivant aux dépens de la femme,
la forcent à se livrer au saphisme de l'homme ou
de la femme, afin d'obtenir un salaire plus
élevé. Je veux parler des hommes mariés, des
hommes vivant en concubinage ou n'ayant qu'une

liaison éphémère de quelques heures à peine. Ces hommes, dont les ardeurs génésiques sont plus ou moins abolies, cherchent à les exciter en éveillant chez la femme de fortes sensations voluptueuses. Pour obtenir ce résultat, ils n'hésitent pas à recourir à des mercenaires. Aussi, les voyez-vous, après un joyeux souper, conduire leur compagne dans les maisons spéciales que je vous ai signalées, pour les soumettre au saphisme et développer ainsi chez elle qui, le plus ordinairement ignorait cet acte, une passion génésique qu'elle sera d'autant plus portée à satisfaire, qu'elle y aura puisé une sensation voluptueuse plus considérable. Mais, à partir de ce moment, la femme recherche avec ardeur le saphisme, ne se livre au coït qu'avec répugnance et vient prendre rang parmi les tribades intermittentes ou de profession. Tel est, Messieurs, l'aveu de plusieurs de mes malades. Je n'exagère rien, vous le savez. Je vous dois la vérité, je ne pouvais taire le rôle de l'homme en cette circonstance.

Vous connaissez maintenant, Messieurs, toutes les conditions qui favorisent le saphisme, vous vous expliquez sa fréquence et son extension ; vous ne vous étonnerez donc pas des lignes sui-

vantes, écrites, en 1874, par un de nos célèbres
auteurs dramatiques, membre de l'Académie
française, que je relève dans la préface du livre
de M. Lecour. sur la prostitution à Paris, à
Londres (¹): « Lesbos fait concurrence à Cythère...
vous avez des renseignements sur le développement de cette église nouvelle. C'est encore dans
les catacombes ; dans vingt ans, ce sera sur la
place publique. » Eh bien, Messieurs, il n'a pas
fallu vingt ans. En quelques années le saphisme
a pris un développement considérable ; ses fidèles
sont devenus légions.

En vous exposant les faits qui précèdent, en
vous exposant l'organisation de la prostitution du
saphisme, mon but est tout scientifique. J'ai
voulu, en présence des cas si nombreux de déformations vulvaires et anales produites par la masturbation, par le saphisme, par la sodomie, rechercher la cause de cette fréquence et justifier
ainsi cette étude des plus intéressantes, d'autant
plus intéressante que les moyens employés pour
les produire, que leur répétition exagérée donnent lieu à des lésions locales vulvaires et anales,
à des troubles généraux, nerveux et nutritifs, que

(1) *La prostitution à Paris, à Londres.* J. Lecour, Paris 1877.

le médecin ne peut ignorer. Au philosophe, au moraliste, je laisse le soin d'en tirer les conséquences au point de vue général.

La pratique de ces actes libidineux, de ces actes contre nature, est, du reste, reliée à la prostitution ; elle soulève des problèmes sociaux qu'à mon tour je chercherai à résoudre, dont vous trouverez la solution dans mon travail sur la prostitution. Ce travail, que j'ai entrepris depuis un an bientôt, a surtout pour but de répondre à certaines idées qui ont actuellement cours et qui sont, à mon avis, des plus erronées et des plus dangereuses pour la société et pour la France.

Ceci dit, voyons, Messieurs, quelles sont les déformations vulvaires et anales produites par la masturbation, le saphisme, la sodomie ? Étudions leurs caractères cliniques, les altérations locales, les désordres généraux qui en résultent, afin que le médecin, et surtout le médecin légiste, y puise des renseignements nets et précis, pour en déduire toutes les conséquences que ces déformations comportent, et y remédier, s'il est possible.

Cette étude des déformations vulvaires et anales ne remonte pas à une époque éloignée. En effet, si les philosophes et les moralistes ont flétri les actes qui les produisent, les médecins n'avaient jamais cherché les signes qui pouvaient leur en révéler l'existence. Il faut arriver au XVIIe siècle pour que Zacchias, le premier, fasse connaître au monde médical les déformations anales produites par la sodomie. C'est surtout à notre époque que ces signes ont été étudiés avec une grande compétence par Taylor, Casper et surtout par le professeur A. Tardieu.

Ces auteurs ont étudié particulièrement les déformations produites par la sodomie, la masturbation, la défloration. Pour la première fois, en 1880, je fis connaître les déformations vulvaires produites par la masturbation linguale et la succion du clitoris, désignée depuis longtemps sous le nom de tribadisme et que j'ai dénommée saphisme, rappelant ainsi son origine (Sapho). Ces études, vous le voyez, n'ont pas une histoire bien ancienne ; aussi ne faut-il pas s'étonner si bien des médecins les ignorent. C'est pour les vulgariser et faire ressortir toute leur importance que je me suis imposé la tâche de décrire à nouveau ces déformations, dont la connaissance, je le répète, est des plus utiles pour le médecin.

Avant de commencer la description clinique des déformations, je vais, Messieurs, rappeler en quelques mots la configuration normale de la

vulve afin de vous mettre plus à même d'en apprécier les déformations totales ou partielles.

La vulve, pour les anatomistes, est l'ensemble
des organes génitaux externes. Sa description,
en effet, n'est pas seulement celle de l'anneau ou
fente vulvaire, elle comporte encore l'étude des
grandes et des petites lèvres, du clitoris, du méat
urinaire, du vestibule, des glandes vulvo-vaginales
et de l'hymen.

Chez la petite fille, la direction de la vulve est
remarquable ; elle est verticale et l'ouverture en
est cachée par les grandes et les petites lèvres. La
vulve regarde directement en avant ; elle est en-
tr'ouverte à sa partie supérieure. En écartant un
peu les lèvres on voit immédiatement le clitoris et
le méat urinaire. A la partie inférieure la vulve
est fermée.

Chez la jeune fille pubère et surtout chez la
femme après plusieurs tentatives de coït, la disposition est tout autre. La vulve est alors dirigée
de haut en bas et d'avant en arrière. L'écartement des lèvres est faible à la partie supérieure,
il est plus prononcé en bas, de sorte que chez la
femme pubère le clitoris et le méat urinaire sont
recouverts et cachés par les grandes lèvres. Ces
dispositions, vous le verrez, sont importantes à

retenir pour l'étude des déformations vulvaires.

La vulve, chez la femme pubère, est recouverte de poils dont l'aspect, la couleur, la disposition sont extrêmement variés. Je n'insiste pas sur ces détails peu importants et que vous trouvez dans tous les ouvrages classiques ; toutefois sachez que plus les organes génitaux sont développés plus les poils sont nombreux ; il semble que leur abondance soit en rapport avec le parfait développement de ces organes.

En effet, dans divers cas et particulièrement dans l'observation d'une malade de mon service, j'ai fait la remarque que les poils pouvaient ne pas exister alors que l'utérus et l'ovaire paraissaient manquer complètement.

Encore une fois, Messieurs, je n'insiste pas ; ces détails ont pour nous peu d'importance.

De chaque côté de la fente vulvaire qu'elles limitent, et en dedans de la face interne des cuisses dont elles sont séparées par le pli génito-crural, sont *les grandes lèvres*, constituées par deux saillies ou replis allongés. En haut, elles se réunissent immédiatement au-dessous et au milieu du pénil ou Mont de Vénus et forment la commissure supérieure ou antérieure ; en bas, en s'unissant, elles forment la commissure inférieure ou postérieure, désignée sous le nom de fourchette. La fourchette est une bride saillante, tendue chez la jeune fille vierge, lâche chez la femme qui s'est fréquemment livrée au coït, enfin déchirée parfois après l'accouchement. La face externe des grandes lèvres est recouverte de poils ; la face interne est lisse, rouge ou rosée.

Entre la fourchette et l'hymen ou les caroncules myrtiformes qui en sont les débris, se trouve une petite dépression appelée *fosse naviculaire*. Elle subit des altérations très fréquentes dont la connaissance est très importante dans l'étude des déformations vulvaires, et en particulier dans celles qui résultent de la défloration.

A ce niveau, se trouvent quelques follicules glanduleux qui jouent un certain rôle dans l'histoire de la blennorrhagie. Depuis mon arrivée à Lourcine, c'est-à-dire depuis sept ans, j'insiste, dans toutes mes conférences cliniques, sur ce fait important : à savoir que ces glandules, diverticules des glandes de Bartholin, sont souvent atteintes d'une inflammation blennorrhagique aiguë ou chronique ; qu'elles sont souvent l'origine de contagions inexpliquées pour tout médecin non prévenu sur ce siège possible de la blennorrhagie chez la femme. J'insiste encore sur ce fait : ces follicules enflam-

més s'abcèdent parfois. Ces petits abcès se limitent le plus ordinairement et s'ouvrent au niveau
de la fourchette. Dans certains cas, au contraire,
le pus fuse en arrière ; il vient se faire jour au
niveau de l'anus ou du rectum ; il en résulte des
fistules ano-vulvaires, recto-vulvaires. Ces fistules sont toujours complètes, car l'abcès s'ouvre
en même temps sur la fourchette, en avant des
caroncules myrtiformes. Ces fistules diffèrent,
vous le voyez, des fistules recto-vulvaires décrites
ordinairement par les chirugiens, ces dernières
étant, à proprement parler, des fistules recto-va-
ginales, puisqu'un des orifices s'ouvre à un centimètre et plus en arrière des caroncules myrtiformes, dans le vagin par conséquent.

Les *petites lèvres* ou *nymphes* sont deux replis
qui semblent formés aux dépens de la muqueuse
vulvaire, mais ils sont réellement de nature cuta-
née. En arrière et en bas, elles se confondent avec
les grandes lèvres, en haut et en avant, elles se
réunissent et, se dédoublant, forment le capuchon
et le frein du clitoris.

Recouvertes ordinairement par les grandes
lèvres, les petites lèvres dépassent souvent ces
dernières. Dans ce cas elles prennent l'aspect du
tégument externe.

Les nymphes peuvent s'hypertrophier sous l'influence de la marche, de la machine à coudre, de l'équitation, du coït, etc., etc. Leur hypertrophie est constante et normale chez certaines peuplades africaines et chacun connaît le tablier des Hottentotes.

Le *clitoris* est un organe érectile analogue aux corps caverneux chez l'homme. Il naît par deux racines de même nature qui, s'insérant sur les branches ischio-pubiennes, se réunissent pour former un seul organe qui se termine par une extrémité renflée : le gland.

Les dimensions du clitoris sont variables. Sa longueur est ordinairement de trois centimètres. Dans quelques cas, celle-ci est plus considérable, et Bousquet, chef de clinique obstétricale de l'école de Marseille, signale une observation où le clitoris était long de cinq centimètres et directement dirigé en avant. Chez cette jeune fille, âgée de 16 ans, le gland était rouge, volumineux par le fait du frottement continuel de l'organe contre les vêtements et non à cause d'habitudes vicieuses. Nous verrons plus tard s'il ne faut pas remédier à cette longueur du clitoris.

Le clitoris est recouvert par un repli cutané analogue au fourreau de la verge. Ce fourreau est ordinairement appliqué sur le clitoris; il est adhérent dans une certaine étendue et se termine par une sorte de prépuce, capuchon du clitoris, qui ne contracte aucune adhérence avec le gland, de sorte qu'on peut facilement le mettre à nu.

Dans un cas qui paraît unique et que j'ai observé, le capuchon était complètement adhérent au gland clitoridien. Était-ce une disposition congénitale, comme je le crois, ou bien cette symphise était-elle due simplement à une inflammation postérieure à la naissance?

Ce qui me fait rejeter cette dernière opinion, c'est que, ni dans les antécédents de la malade, ni dans l'examen de la vulve, je n'ai pu trouver la trace d'une inflammation. Si le gland était un peu volumineux, cet état était dû à des pratiques de masturbation avouées.

Chez l'homme, dans certains cas de phimosis congénitaux, il n'est pas très rare de rencontrer des adhérences et quelquefois même une symphise presque complète entre le prépuce et le gland. En dehors de ces cas, où l'inflammation lente, l'irritation continuelle ont joué le principal rôle, je me suis enquis de savoir s'il n'existait pas d'observation d'adhérences congénitales entre le gland et la face interne du prépuce. Mon excellent

2.

collègue et ami, le docteur de Saint-Germain, chirurgien de l'hôpital des enfants malades, m'a dit n'avoir aucune connaissance de ces faits.

Entre le clitoris et le méat d'une part, et les petites lèvres d'autre part, existe un petit espace triangulaire appellé *vestibule*. A ce niveau, autour de l'orifice uréthral, existent plusieurs follicules dont il faut tenir très grand compte dans l'histoire de la blennorrhagie. Chaque fois que l'occasion se présente, je ne manque jamais, dans mes conférences cliniques, de faire remarquer la localisation possible de la blennorrhagie dans ces follicules.

Parmi ces follicules qui entourent ou qui avoisinent le méat urinaire, il en est deux à physionomie toute spéciale sur lesquels je dois tout particulièrement fixer votre attention. Ce sont ceux qui sont situés en dehors et sur les parties latérales de l'orifice uréthral, à un centimètre environ de cet orifice. La blennorrhagie se localise parfois dans leur intérieur ; une inflammation lui succède ; un abcès peut en être la conséquence. Le pus, tout en se faisant jour au dehors, peut fuser du côté de l'urèthre, se frayer un passage à travers les parois de ce canal et s'ouvrir dans l'urèthre même, donnant lieu à une fistule ves-

tibulo-uréthrale. Nous en avons un bel exemple
en ce moment au n° 15 de la salle Cullerier. Chez
cette malade, atteinte de blennorrhagie, vous
constatez en effet une fistule vestibulo-uréthrale
complète qui a succédé à l'inflammation blennorrhagique d'un des follicules, péri-uréthraux, le
gauche. Le droit contient du pus ; mais la fistule
n'est pas formée. Ces fistules sont donc analogues,
quant à leur origine, à celles que j'ai mentionnées
au niveau de la fourchette. J'ai prié mon interne,
M. Lormand, de faire sur ce sujet un travail qui
sera publié prochainement.

Le *méat urinaire* ou orifice uréthral est situé
au-dessus du tubercule antérieur du vagin. Cette
disposition ne doit pas être oubliée lorsqu'on veut
pratiquer le cathétérisme sans découvrir la malade. Il faut reconnaître avec le doigt cette extrémité de la colonne antérieure du vagin, puis diriger
la sonde sur la pulpe du doigt ; elle pénètre plus
aisément dans l'urèthre. Le méat chez l'enfant
regarde en avant ; aussi le jet de l'urine dans la
miction est dirigé directement en avant. Chez la
femme, au contraire, par suite du changement de
direction subi par la vulve, le méat regarde en
bas, d'où la possibilité pour elle d'uriner étant
debout. Au-dessous du méat urinaire, au-dessus

de la fourchette, en dedans et en arrière des petites lèvres est l'orifice *vulvo-vaginal*. Cet orifice,
de forme ovale, est circonscrit, pour ainsi dire,
par deux organes érectiles, les *bulbes* du vagin. En
dehors de ceux-ci se trouve le muscle constricteur
du vagin, organe qui, pour le professeur Richet,
serait, plutôt que l'hymen, le véritable obstacle
à la défloration.

A ces quelques détails sur l'anatomie de la
vulve, j'ajouterai, avant de terminer cette description, quelques mots sur *l'hymen*. Cette membrane établit la limite de la vulve et du vagin ;
elle est constituée par un repli de la muqueuse
vaginale ; elle limite et constitue l'extrémité antérieure du vagin dont elle fait partie.

Les formes de l'hymen sont très variables.
Elles ont été fort bien décrites par A. Tardieu et je
ne m'y arrêterai pas. Je vous dirai seulement que,
dans une de ces formes, la forme annulaire, l'orifice est assez large pour permettre, chez la jeune
fille et même chez l'enfant, l'introduction, dans
le vagin, du petit doigt dans les cas de métrite,
par exemple. Vous n'ignorez pas, en effet, depuis mes leçons sur les affections utérines, la
possibilité de la métrite constitutionnelle chez
l'enfant et chez la jeune fille. Cette forme annu-

laire permet même quelquefois l'introduction du speculum. Enfin le coït peut avoir lieu, une grossesse en résulter, sans que cette membrane soit déchirée. Ce fait est des plus importants à connaître en médecine légale. J'y reviendai, du reste, à propos de la défloration.

Je n'insiste pas sur les *glandes vulvo-vaginales* qui reposent sur le bulbe et le constricteur du vagin, me proposant de vous en entretenir lors de mes leçons sur la blennorrhagie de la femme.

Cet aperçu topographique des organes génitaux externes est suffisant pour vous mettre à même d'apprécier les déformations qu'ils subissent sous l'influence de causes physiques, tenant soit à leurs fonctions physiologiques, soit à la profession de la femme, soit à des habitudes vicieuses ou libidineuses.

Quant à l'anus, vous en connaissez la configuration, je ne vous le décrirai donc pas. Du reste, je vous en signalerai les points importants, lorsque je traiterai des déformations anales résultant de la sodomie.

Ceci dit, étudions les déformations vulvaires. Je commencerai cette étude par les déformations produites par la masturbation manuelle.

I

Déformations vulvaires produites par la masturbation

La masturbation est des plus fréquentes ; nous la constatons tous les jours, et je puis dire sans exagérer que la moitié au moins des malades de mon service se livrent ou se sont livrées à cette pratique.

Si la masturbation est souvent le fait d'une imagination déréglée, de troubles mentaux appartenant au délire chronique, à la lypémanie etc., etc. ; si elle est le fait de mauvais conseils et d'habitudes vicieuses contractées dès l'enfance ; si elle est souvent aussi le résultat d'une passion sensuelle surexcitée, il est juste de dire que, fréquemment, chez la jeune fille, chez l'adulte, elle est la conséquence de lésions vulvaires, vaginales ou utérines, ayant pour symptôme commun le prurit vulvaire dont j'aurai par conséquent à rechercher la pathogénie. Pour l'instant, qu'il me suffise de dire que, s'il existe un prurit appelé nerveux, le plus souvent ce phénomène morbide est sous la dépendance d'une inflammation vulvaire, vaginale ou utérine simple, traumatique ou constitutionnelle.

De plus, chez l'enfant, il ne faut pas négliger la recherche des oxyures qui se développent à la partie inférieure du rectum, au niveau de l'anus. Ces vers, vous le savez, sont noctambules ; ils se déplacent, gagnent la vulve, le vagin même et donnent lieu à un prurit intense qui porte l'enfant à la masturbation. Les oxyures se rencontrent aussi chez la jeune fille, chez la femme adulte. J'en ai observé plusieurs cas ; et j'ai vu notamment des vaginites résultant du séjour de ces vers dans le vagin. Une fois disparus, la vaginite a guéri rapidement. J'ai employé dans ce cas les irrigations vaginales avec une eau alcaline, avec l'eau de Vichy, de Royat, de Vals.

La masturbation, vous le voyez, se développe en dehors des troubles mentaux et des habitudes vicieuses, il était important de l'établir, afin d'avoir pour sa répression, des indications nettes et précises.

En quoi consistent les déformations vulvaires, produites par la masturbation? Quels sont les moyens employés pour la pratiquer?

Je suis obligé de vous donner quelques indications sur les moyens mis en œuvre pour pratiquer la masturbation, parce qu'ils produisent sur le clitoris, sur la vulve même, des déformations en rapport avec chacun d'eux. Ces déformations se présentent alors avec des caractères cliniques tellement spéciaux, que leur constatation permet de reconnaître le moyen employé. Excusez donc les détails dans lesquels je vais entrer.

La masturbation, vous le savez, consiste dans la friction de l'organe clitoridien. Cette friction résulte des manœuvres employées par la femme elle-même ou par une personne étrangère. La friction clitoridienne se produit le plus communément soit avec le doigt, soit avec le pénis, soit avec la langue. Dans ce dernier cas, il y a en même temps succion. C'est à cette variété de masturbation que j'ai donné le nom de *saphisme*. Ce n'est pas tout : parfois la friction clitoridienne est produite à l'aide de corps étrangers. Leur dénombrement serait trop long. Je me contente de dire que tout a été employé par les femmes ; de préférence pourtant, les jeunes filles se ser-

vent d'une épingle à cheveux, d'un crochet, d'un
étui, etc. Ce mode de friction n'est pas sans dangers. Plusieurs accidents en ont été et en sont
la conséquence. Le corps étranger peut échapper,
pénétrer dans l'urèthre et de là dans la vessie,
où, les chirurgiens le savent, il devient bien souvent le noyau de calculs.

Dans d'autres circonstances, enfin, la masturbation se pratique par le frottement des cuisses,
soit que la femme reste assise, soit qu'elle se
tienne dans la position verticale. Elle s'accomplit
par un mouvement particulier du bassin, par
un balancement des hanches, en vertu duquel,
les cuisses étant posées l'une sur l'autre et fortement croisées, la friction clitoridienne s'exécute
par un frottement de la partie interne et supérieure des membres inférieurs. Cette variété se
rencontre surtout chez les femmes soumises, pendant une grande partie de la journée, à un travail assidu. Vous l'observez chez les modistes,
les couturières, les lingères, les repasseuses. C'est
encore ce moyen qui est mis en usage par les
femmes qui travaillent à la machine à coudre,
par les femmes qui se livrent à l'équitation. Ce
mode de masturbation produit des lésions tout à
fait spéciales.

Ceci dit, quels sont les caractères cliniques des déformations vulvaires produites par la masturbation en général ? J'insisterai, chemin faisant, sur les caractères particuliers à tel ou tel moyen mis en œuvre pour la pratiquer.

Ces déformations consistent, ainsi que l'ont dit A. Tardieu et Noël Guéneau de Mussy, dans un développement, un allongement de tout l'organe clitoridien. Cet allongement est parfois tel que le clitoris atteint le double de sa longueur normale. Chez une de mes malades, le clitoris avait la longueur du petit doigt. Il s'agissait bien ici d'un organe développé par le fait de la masturbation et non par le développement normal ou lié à un vice de conformation. La malade avouait parfaitement que, depuis son jeune âge, elle se livrait plusieurs fois par jour à cet acte. Ce développement exagéré du clitoris peut toutefois être physiologique ; il est important de le savoir. J'en ai cité un cas signalé par le docteur Bousquet (de Marseille). Vous en trouverez plusieurs dans l'ouvrage de Parent-Duchâtelet. Cet auteur rapporte plusieurs observations où le clitoris avait normalement le volume du doigt indicateur et une longueur de sept à huit centimètres.

En même temps que le clitoris est plus long,

plus volumineux, le gland clitoridien est plus allongé, plus rouge, plus turgescent ; il est saillant ; il déborde le capuchon, qui ne le recouvre plus qu'en partie. Le capuchon ou prépuce du clitoris est lâche, allongé, glabre, plissé ; il se détache facilement du gland clitoridien. En outre il est plus consistant, plus épaissi : il paraît hypertrophié.

Cet aspect du clitoris se remarque surtout après les frictions digitales, péniennes ou par corps étrangers.

Outre ces déformations clitoridiennes, on observe d'autres déformations vulvaires, alors surtout que la masturbation a débuté dès le jeune âge. Elles consistent dans un aspect particulier des petites lèvres. Celles-ci sont allongées, elles dépassent les grandes lèvres ; elles sont flasques, pendantes. Leur forme triangulaire s'exagère, surtout vers l'extrémité supérieure ; aussi les a-t-on alors comparées à des feuilles de sauge, à des ailes de chauve-souris. Elles sont ridées, réticulées. A mesure qu'elles deviennent pendantes, la coloration rose disparaît, elles offrent une coloration brune, grise, ardoisée. Elles sont parsemées de taches noires dues à une pigmentation plus accentuée. Cette pigmentation s'observe principalement sur le bord libre, parfois elle empiète sur une de leurs faces, l'externe surtout. En outre, on constate sur leur face interne ou sur une portion seulement de cette face, vers le bord libre, une série de petits points jaunes ou blancs semblables à des œufs d'insectes, ainsi que l'a dit Noël Guéneau de Mussy. Ces points blancs sont constitués par des glandes hypertrophiées. La constatation de ces follicules est des plus importantes ; leur existence indique en effet une inflammation vulvaire datant de l'enfance, ou une affection prurigineuse qui est souvent l'origine des habitudes vicieuses contractées par l'enfant et qui peuvent devenir invétérées chez la femme.

Ces déformations siègent sur les deux lèvres, mais surtout sur la petite lèvre gauche ; elles sont le résultat du tiraillement qu'exerce l'enfant sur les petites lèvres.

On constate encore, mais accessoirement, que les grandes lèvres sont flasques, ridées. Le méat urinaire est ouvert, élargi. Le sphincter vésical peut se dilater et causer l'incontinence d'urine qui est souvent le résultat de la masturbation chez les petites filles et même chez les jeunes garçons. Vous le voyez, Messieurs, la connaissance des déformations vulvaires conduit à l'explication de phénomènes pathologiques qui resteraient souvent sans elle ignorés quant à leur cause.

Ce n'est pas tout : l'hymen subit un relâchement considérable, et comme le constricteur a perdu de sa tonicité, on peut facilement pratiquer le toucher vaginal. Le coït peut même avoir lieu sans qu'il y ait rupture et même déchirure de la membrane hymen. A. Tardieu a beaucoup insisté sur les déformations vulvaires produites par la masturbation, sur les déformations subies par l'hymen, pour montrer que le coït pouvait, en pareil cas, se faire, sans qu'il y ait trace de défloration. La connaissance de ce fait est des plus importantes pour le médecin légiste. Les auteurs ont même signalé, en pareil cas, la possibilité d'une grossesse.

Dans d'autres cas, au contraire, si l'enfant est scrofuleux, s'il se développe une vulvite scrofuleuse, une leucorrhée vulvaire intense et persistante, l'hymen s'enflamme, ainsi que l'orifice vulvo-vaginal. La membrane hyménale acquiert de ce fait une épaisseur assez forte pour devenir résistante et apporter un obstacle parfois invincible au coït. Aussi le médecin est-il obligé de

l'inciser sur les parties latérales, afin de faciliter
l'introduction du pénis et d'éviter le développement du vulvisme.

Les différents moyens employés pour pratiquer
la friction clitoridienne, la masturbation, tout en
déformant les diverses parties constituantes de
la vulve, peuvent donner lieu à des lésions locales.
C'est ainsi que vous constaterez l'inflammation
du gland clitoridien et du capuchon ainsi que je
l'ai observé chez une malade. L'inflammation
était constituée par la rougeur, par une augmenta-
tion de température locale, par une tuméfaction de
l'organe. Cette inflammation traumatique est le
résultat ordinaire d'une érosion produite par des
coups d'ongles ; elle est longue à guérir. Parfois, surtout chez la petite fille, on constate,
comme résultat de la masturbation et non comme
cause, une inflammation de la vulve et du méat
urinaire.

Enfin, comme conséquence de la masturbation,
alors surtout qu'elle est pratiquée par une personne étrangère, vous aurez à constater fréquemment, sur le clitoris, sur les petites lèvres, sur le
vestibule, sur le méat urinaire, de petites cicatrices
blanches, en forme de croissant, vestiges d'érosion, d'ulcération consécutives aux coups d'ongles.

Dans cette nomenclature des accidents consécutifs à la masturbation manuelle, je ne dois pas oublier l'inflammation des glandes vulvo-vaginales et leur suppuration. J'en ai observé plusieurs cas que j'ai signalés dans mes leçons sur l'inflammation de la glande de Bartholin. Cette inflammation est traumatique. Elle résulte d'une friction brutale, rapide, opérée non seulement sur le clitoris, mais sur toute la vulve.

Tels sont, Messieurs, les caractères de la masturbation en général et ceux particuliers à la *masturbation manuelle*, à la *manuélisation*.

Lorsque la masturbation se pratique par le *frottement des cuisses* l'une sur l'autre, les déformations vulvaires qui en résultent offrent des caractères assez particuliers pour qu'on puisse reconnaître leur origine.

Et d'abord, elle s'observe surtout chez la femme adulte ; parfois pourtant elle se rencontre chez l'enfant. Méfiez-vous notamment des enfants qui se retirent à l'écart et chez lesquels vous observez ce balancement particulier du bassin que je vous ai décrit. Ces enfants se livrent à la masturbation. Bientôt, en effet, vous voyez survenir des troubles nerveux, des troubles nutritifs, des troubles dont la cause resterait ignorée si vous n'étiez prévenu de la possibilité de ce moyen de masturbation. Vous reconnaîtrez ce mode de masturbation aux caractères suivants.

Le capuchon clitoridien, ordinairement très développé dans la masturbation manuelle, est ici peu développé relativement au volume acquis par le gland clitoridien. Il n'est pas aussi allongé ; il ne présente pas de plis ; il n'est pas ridé ; il ne se détache pas complètement du gland, et pourtant il ne le recouvre pas complètement. Le gland clitoridien, en effet, est proéminent ; son extrémité est renflée, plutôt aplatie qu'allongée. Aussi, peut-on dire que le gland clitoridien est en massue ; son diamètre transversal étant plus étendu que le diamètre longitudinal. Il est presque constamment turgescent ; sa coloration est d'un rouge sombre, violacé.

Cette description résulte de cas types où la femme ne s'était jamais livrée à la masturbation manuelle, et s'adonnait à cette pratique depuis quelques années seulement sous l'influence de conseils pernicieux donnés par des amies du même atelier de modistes, de couturières, etc., etc.

Dans cette variété de masturbation, vous constatez en outre que les petites lèvres sont moins développées, moins volumineuses, moins allongées. A cela rien d'étonnant, puisque, ai-je dit, ces caractères de la manuélisation apparaissent dès le premier âge, alors que l'enfant tiraille constamment les petites lèvres, par suite du prurit vulvaire existant.

Dans le cas où la masturbation manuelle a précédé de longtemps la masturbation par le frottement des cuisses l'une sur l'autre, vous trouvez réunis les signes principaux qui caractérisent ces deux variétés. Vous pouvez observer ce fait chez trois de mes malades couchées dans les salles Natalis, Guillot et Cullerier. J'ai déjà publié deux observations analogues dans mes précédentes leçons.

Comme conséquences morbides de cette masturbation vous observez une vulvite aiguë, subaiguë ou même chronique, accompagnée d'une leucorrhée vulvaire plus ou moins purulente. Parfois vous trouvez une inflammation de la glande de Bartholin.

Quant au troisième mode de la masturbation, c'est-à-dire la friction et la succion clitoridiennes ou *saphisme*, les signes qui caractérisent les déformations vulvaires qui en découlent, sont aussi nets, aussi précis que les précédents. Ils participent à la fois de ceux produits par la mas-

turbation par friction et de ceux dus à la
succion. A cela rien d'étonnant, puisque le
saphisme, ai-je dit, consiste dans la friction clitoridienne au moyen de la langue et dans la succion de l'extrémité inférieure du clitoris, avec la
bouche portant à la fois sur le bord libre du capuchon et sur le gland clitoridien.

Les déformations vulvaires, dues au saphisme,
sont, en effet, caractérisées par une élongation de
tout l'organe clitoridien, par un aspect ridé,
flasque, du fourreau et du capuchon qui se détache en partie du gland. Celui-ci est en partie
découvert ; il est volumineux et turgescent. Ces
caractères appartiennent à la friction clitoridienne.
Par le fait de la succion, quelques-uns d'entre eux sont plus accusés ; quelques autres,
qui n'existaient pas, se développent. C'est ainsi
que la procidence du clitoris est plus marquée ;
que tout l'organe est plus proéminent ; aussi
fait-il saillie entre les grandes lèvres.

Le capuchon surtout est volumineux ; il se
détache complètement du gland clitoridien qu'il
laisse la plupart du temps à découvert. Il est légèrement remonté en haut, formant ainsi, au-
dessus du gland, un repli saillant comparable à
un casque. En même temps son bord libre est

plus épais, la consistance en est plus ferme. Les freins du clitoris, replis formés par le dédoublement de l'extrémité antérieure des petites lèvres, sont plus accusés, plus saillants, plus épais ; ils ont plus de consistance. Ces modifications d'aspect, de structure, s'observent parfois jusqu'à deux ou trois millimètres plus bas sur le bord libre des petites lèvres. Le gland est très développé, très saillant, et, tout en étant allongé, son extrémité est renflée. Son diamètre transversal est augmenté ; il est légèrement aplati sur les bords, saillant et un peu bombé à sa partie médiane ; en un mot il est en massue ; son aspect rappelle, en effet, la déformation qu'il subit dans la masturbation par le frottement des cuisses.

Sa coloration est rouge intense, parfois violacée ; sa turgescence est presque constante, alors surtout que le saphisme est journalier, qu'il s'accomplit plusieurs fois en vingt-quatre heures, ainsi que vous l'observez chez les tribades vivant en ménage, chez quelques femmes mariées ou vivant en concubinage. Je pourrais, à ce sujet, vous citer de nombreuses observations recueillies, soit dans mon service, soit dans ma pratique de la ville ; je me contenterai des deux suivantes :

Dans l'une, il s'agit d'une femme mariée, d'une trentaine d'années, mère de plusieurs enfants, qui, soit par crainte d'avoir encore des enfants, soit parce que le coït ne lui procure plus aucune satisfaction sensuelle, exige de son mari l'accomplissement du saphisme deux ou trois fois en vingt-quatre heures. L'autre a trait à une jeune femme qui, quelques années avant son mariage, avait une amie avec laquelle elle se livrait au tribadisme. Quelque temps après son mariage, ne pouvant résister à l'amour qu'elle portait à son amante, elle imposa, pour ainsi dire, à son mari l'obligation de vivre avec elle et de former ainsi un ménage à trois. Il s'agit bien évidemment, Messieurs, dans ces deux cas, d'un trouble moral et intellectuel considérable ; il me semble impossible d'en donner une autre explication.

Les caractères cliniques que je viens d'exposer sont plus ou moins accusés, suivant que le saphisme est journalier ou passager, récent ou ancien. Toujours ils sont assez nets pour qu'on puisse reconnaître cet acte libidineux.

Les autres parties constituantes de la vulve, les grandes et petites lèvres, soit dans leur volume, soit dans leur conformation, ne présentent aucune déformation spéciale au saphisme.

Lorsqu'il existe une déformation de ces organes, il faut en rechercher l'origine dans un acte antérieur ou concomitant, dans la masturbation manuelle par exemple.

De même que, dans l'étude des déformations vulvaires produites par la manuélisation, j'ai appelé votre attention sur la présence, au niveau de la vulve et du clitoris, de lésions inflammatoires, de contusions, de plaies ulcéreuses, de cicatrices résultant de coups d'ongle, de frictions brutales, énergiques, je dois vous signaler à propos du saphisme les lésions inflammatoires, les plaies, les ulcérations, les cicatrices résultant du traumatisme produit par les dents lors de la succion clitoridienne. Souvent j'ai constaté ces lésions, notamment sur une malade, âgée de 22 ans, entrée le 2 mars 1880, salle Natalis-Guillot, n° 12.

Cette malade, qui avait été déflorée à 17 ans et qui présentait au plus haut degré les déformations produites, pendant l'enfance, par la masturbation manuelle (elle avouait en effet qu'une amie de son âge se livrait sur elle à une masturbation journalière), était atteinte d'une ulcération siégeant autour du gland clitoridien. Cette lésion résultait d'une morsure faite par une de ses amies qui, au moment où elle la saphisait, prise d'une violente excitation sensuelle, lui avait mordu le gland clitoridien. Cette ulcération mit un mois à se cicatriser.

Dans un autre cas que j'ai observé en ville, la morsure fut telle que le clitoris fut presque arraché. C'est avec peine que je pus arrêter l'hémorrhagie qui en résulta ; de plus, la cicatrisation fut longue à se faire.

Telles sont, Messieurs, les déformations vulvaires produites par le troisième mode de masturbation, c'est-à-dire le saphisme. Ces déformations se différencient assez de celles produites par la masturbation manuelle, par la masturbation par le frottement de cuisses, pour que je n'insiste pas sur le diagnostic. Elles sont assez nettes, assez précises, pour que vous puissiez les reconnaître facilement.

Quelles sont, Messieurs, les conséquences pratiques qui découlent de cette étude sur les déformations vulvaires produites par la masturbation, quel que le soit le mode employé pour la pratiquer ?

Ces conséquences sont de plusieurs sortes. Mais, avant de vous les indiquer, je dois vous dire quelques mots des désordres nerveux et nutritifs que ces actes produisent sur l'organisme, sur

la constitution de la femme. Les auteurs qui ont
appelé l'attention sur les troubles nerveux qui se
produisent sous l'influence de la masturbation,
n'ont pas assez tenu compte de ce fait, à savoir
que, s'ils sont souvent la conséquence de cet acte
libidineux, ils en sont souvent aussi la cause.
Dans bien des cas en effet, on ne saurait expliquer,
ainsi que l'a dit mon ami le docteur Paul Moreau,
de Tours, les dépravations génésiques présentées
par les femmes, par les hommes, sans l'interven-
tion d'une aberration intellectuelle, d'un trouble
psychique manifeste. Les médecins aliénistes en
citent tous les jours de nombreux exemples.
Moi-même, je vous en ai cité quelques-uns. Je
n'insiste pas et je me borne à vous dire que vous
aurez à dégager avec soin ces deux facteurs,
lorsque vous vous trouverez en présence d'actes
libidineux invétérés.

Quant aux troubles nerveux que la masturbation, que le saphisme produisent, on ne saurait les
nier, alors surtout que ces actes sont journaliers
et qu'ils se pratiquent depuis un grand nombre
d'années. Il est évident que les jouissances immo-
dérées, que les plaisirs excessifs procurés par les
passions sensuelles portées à l'extrême limite tiennent, ainsi que l'a dit Paul Moreau, de Tours, le mo-

ral dans une fermentation telle que chez ces individus, ces plaisirs, ces jouissances tiennent véritablement de la fureur et de la rage. Pour s'en convaincre, il faut lire les lettres que les tribades écrivent ; il faut se rendre compte de la passion outrée qui les anime, de la jalousie qu'elles ressentent alors qu'elles sont trompées dans leurs amours contre-nature, pour concevoir que, parfois, la femme n'a pas craint de commettre un crime ou de terminer par un suicide une vie qui lui paraissait désormais insupportable.

A côté de ces troubles psychiques accusant une perturbation considérable du système nerveux, on observe plus communément des phénomènes morbides généraux ou locaux qui montrent jusqu'à quel point ce système peut être perturbé sous l'influence de la manuélisation ou du saphisme. C'est ainsi, Messieurs, que vous constaterez tantôt des altérations de la sensibilité, de la motilité, tantôt des troubles nerveux concentrés sur un organe. Les femmes accuseront soit de l'hyperesthésie, soit de l'anesthésie, soit des paralysies ou bien des palpitations cardiaques, de la dyspnée, des troubles gastriques, des troubles de l'accommodation de l'œil, de la photopsie, du blépharospasme. En même temps, la femme accusera le plus souvent des attaques hystériques ou hystéro-épileptiques.

Les troubles nutritifs sont tout aussi marqués.
A cela rien d'étonnant, puisque le système nerveux est aussi profondément atteint que je viens
de dire. Le sujet est amaigri, faible, incapable
de fatigue musculaire un peu forte ; la face est
pâle ; les traits tirés ; les yeux entourés d'un
cercle bistré. Les fonctions digestives sont lentes,
laborieuses, etc. Mais, Messieurs, ce ne sont pas
les seuls accidents consécutifs à la masturbation.
Il en est d'autres qui, tout en étant locaux, doivent appeler d'autant plus votre attention que,
dans bien des cas, ainsi que j'ai déjà eu l'occa-
tion de vous le dire, ils vous donnent l'explication de faits dont l'interprétation était des plus
difficiles. C'est ainsi qu'outre l'inflammation de
la vulve ou de quelques-unes de ses parties, la
masturbation fait naître, fait développer chez la
jeune fille, la métrite constitutionnelle, scrofuleuse, arthritique, herpétique, chlorotique.

Dans mes études et mes leçons sur la pathogénie
de l'inflammation utérine, j'ai assez insisté sur ce
point pour que je n'insiste pas davantage aujour-
d'hui ; de même, il suffit de vous dire que cet acte
exerce une influence des plus néfastes sur l'évolu-
tion de la métrite, en produisant des rechutes,

des récidives nombreuses. Ainsi la guérison est le plus souvent retardée, et le plus souvent difficile à obtenir. Mes élèves sont à même de constater tous les jours ces faits, et d'en connaître l'importance. Vous mêmes, Messieurs, qui suivez si assidûment mes conférences cliniques, vous appréciez, chaque jour, les considérations que je viens de faire valoir et toute l'importance qui s'attache à cette étude des déformations vulvaires. Aussi, en présence des perturbations si grandes produites dans l'organisme par la masturbation, vous ne resterez plus indifférents et vous chercherez à remédier, autant qu'il vous sera possible, à un acte qui produit de tels accidents. Comment y remédier?

En cette occurrence le rôle du médecin est double. Le thérapeute doit être doublé du moraliste. Tout d'abord le médecin emploiera son influence morale à conseiller la cessation de tels actes ; il décrira les conséquences terribles qui en résultent. S'il échoue dans ses tentatives de persuasion, il aura recours à la thérapeutique, aux différents moyens qu'elle met entre ses mains. Plusieurs indications se présentent : — 1° Le médecin recherche tout d'abord la cause locale, notamment les lésions qui sont l'origine du prurit vulvaire et par suite de la masturbation. Il s'appli-

quera à combattre l'inflammation vulvaire, vaginale ou utérine, les éruptions qui surviennent sur
les organes génito-sexuels. Il n'aura garde surtout
d'oublier la recherche des oxyures et de diriger
contre eux une médication énergique. — 2° S'il
n'existe aucune lésion, s'il s'agit d'une perturbation nerveuse telle que ces actes s'accomplissent
frénétiquement, s'il s'agit d'un organe anormale-
ment développé, comme dans le cas relaté par
M. Bousquet, le médecin doit recourir à des
moyens chirurgicaux. Un certain nombre ont
été proposés. C'est ainsi qu'on peut avoir recours
soit à l'ablation, soit à l'excision, soit à la cautérisation du clitoris.

Il est certain en effet qu'en présence d'un cas
très grave, qu'en présence d'actes dont la répétition produit une perturbation profonde de
l'organisme, produit des troubles intellectuels tels
que la folie homicide ou la folie suicide peuvent
en être la conséquence, le médecin est autorisé à
détruire l'organe qui passe pour être le siège des
sensations sensuelles et à recourir à son ablation,
à son excision soit avec le bistouri, soit avec le
thermo-cautère. Cette opération est des plus faciles. Mais n'allez pas croire, Messieurs, qu'elle
soit exempte de dangers ; de graves accidents, la

mort même, peuvent en être la conséquence. C'est ainsi qu'après des tentatives de destruction du clitoris à l'aide du thermo-cautère, on a vu des abcès se développer, des péritonites survenir. Dans un cas, notamment, où mon collègue de l'hôpital de Saint-Louis, M. le docteur Guibout, a fait cette cautérisation, la malade a eu des accidents de péritonite considérables. Ne pratiquez donc cette opération qu'en vous entourant des plus grandes précautions, et surtout réservez-la pour les cas les plus urgents.— 3° Quant à la troisième indication thérapeutique que le médecin remplira, ce sera celle du traitement des accidents nerveux, causes ou effets de ces actes libidineux, ainsi que celle de la déchéance de l'organisme qui en est la conséquence. A cet effet, il aura recours aux antispasmodiques, aux toniques, à l'hydrothérapie, aux bains de mer, aux eaux minérales, chlorurées sodiques (Salins, Salies) ; sulfureuses (Luchon, Aix-les-Bains, Cauterets, Eaux-Chaudes, Bagnères-de-Bigorre) ; bicarbonatées mixtes, chlorurées (Saint-Nectaire, Royat, Châteauneuf) ; ferrugineuses (la Bauche, Renlaigue, Montrond, Orezza, la Reine du fer de Vals) ; en un mot il emploiera tous les agents reconstituants que la matière médicale met à sa disposition.

Cette étude des déformations vulvaires a en outre un côté pratique, que je ne saurais oublier. Ces déformations se sont tellement développées ; elles sont devenues si communes ; les actes qui les produisent apportent dans la constitution de la femme de telles perturbations que, dans les expertises judiciaires, le médecin doit les mentionner au même titre que les autres déformations, dans les attentats à la pudeur, dans le viol ; dans certains procès civils en séparation de corps, elles jouent un rôle important que le médecin légiste ne saurait méconnaître. Dans les affaires de chantage, dans ces affaires, notamment, où les parents dénoncent une personne pour une tentative de viol, pour un attentat à la pudeur, il est important de reconnaître l'état de la vulve, de constater la présence ou l'absence des déformations vulvaires produites par la manuélisation ou le saphisme, afin d'éclairer la justice sur les habitudes de la jeune fille ou même de la femme et déjouer ainsi les tentatives de chantage qui existent aussi bien pour la défloration que pour la sodomie, ainsi que je le dirai.

J'en ai fini, Messieurs, avec l'étude des déformations vulvaires produites par la masturbation et ses divers modes, j'arrive maintenant aux déformations produites par la défloration.

II

Déformations vulvaires produites par la défloration

Les tentatives de coït, le coït, produisent sur la vulve des déformations assez caractéristiques pour qu'elles aient de tout temps appelé l'attention des médecins, surtout celle des médecins légistes. En effet, consultés par la justice pour reconnaître un acte criminel, le viol, ou les tentatives de viol, les attentats à la pudeur, ils ont dû rechercher attentivement les lésions que ces actes produisent, ils ont dû en donner des caractères cliniques exacts et précis, pour permettre aux médecins de répondre en toute conscience aux questions posées par le juge instructeur. Cette étude a été faite par A. Toulmouche, et surtout par A. Tardieu, avec le grand sens clinique qui caractérisait cet éminent professeur. Je n'aurais,

Messieurs, qu'à vous renvoyer à cette étude, si mon intention avait été de vous entretenir seulement des déformations vulvaires produites par un attentat criminel. Mon but, vous le savez, en procédant à cette étude des déformations vulvaires est tout autre. Tout en ne négligeant pas d'appeler votre attention sur les questions que soulèvent ces déformations au point de vue médico-légal, au point de vue du rôle que le médecin est appelé à remplir comme expert, je veux examiner ces déformations au point de vue de l'acte sexuel, de l'acte du coït, que celui-ci soit criminel ou licite ; je veux les examiner surtout au point de vue de la prostitution. Je veux en effet rechercher si les femmes, adonnées à la prostitution, présentent des déformations vulvaires telles qu'en les constatant, le médecin puisse affirmer son existence. Cette étude intéresse un certain nombre de médecins, surtout les médecins des dispensaires. Comme vous pouvez être appelés à exercer ces fonctions, il est bon que j'appelle sur ce sujet vos méditations, ayant été mis à même, dans cet hôpital, d'apprécier depuis sept ans les faits signalés par les auteurs qui s'en sont plus spécialement occupés, notamment par M. le docteur Charpy (de Bordeaux).

Tout d'abord cette étude des déformations vulvaires produites par la défloration comporte deux parties distinctes : la première comprend les déformations produites par la défloration violente, brusque, isolée, complète ou incomplète, criminelle ou licite ; la deuxième, celles qui résultent des rapports sexuels lents, graduels, répétés, de même criminels ou licites.

Dans le premier cas, il n'y a rien de particulier à noter. Par le fait de la défloration violente, on constate un certain nombre de lésions qui indiquent le traumatisme produit par la violence et qui sont variables suivant l'âge du sujet, suivant les disproportions des organes sexuels. Qu'il me suffise de signaler la déchirure de la membrane hymen, parfois de la muqueuse vaginale, l'hémorrhagie plus ou moins abondante qui en est la conséquence et qui est parfois telle que la vie de la femme a pu être en danger. Je n'insiste pas non plus sur les ecchymoses vulvaires, l'inflammation de la vulve, de l'urèthre, du vagin, etc., etc.

Dans le deuxième cas, les déformations vulvaires offrent le plus grand intérêt. Par le fait de tentatives réitérées de coït, le médecin observe sur la vulve des lésions variables d'aspect, de conformation, de structure, lésions profondes et indélébiles dont la constatation est pour lui des plus importantes, car, dans quelques cas de viol, il est questionné par les magistrats pour savoir si les tentatives criminelles sont récentes ou anciennes, s'il existe ou non des traces de pratiques habituelles sur les organes génitaux externes. Ce sont surtout ces déformations vulvaires qui doivent nous occuper.

Les déformations vulvaires produites par la défloration lente, graduelle, répétée, offrent des caractères d'autant plus accusés que les rapports sexuels se produisent sur de jeunes sujets. Cette proposition, émise par Toulmouche et A. Tardieu, est des plus vraies. On ne saurait la contester. Toutefois il ne faut pas la regarder comme absolue. En effet, si, d'une part, ces caractères manquent absolument, ou s'ils sont à peine appréciables chez certains enfants, chez certaines jeunes filles, ainsi que j'en ai relevé plusieurs exemples chez des enfants de huit et dix ans, d'autre part, ils sont très accusés chez certaines femmes adultes, âgées de trente à quarante ans, alors que le coït a eu lieu depuis quelques mois seulement. Plusieurs circonstances, en effet, influencent au plus haut point, ainsi que je le dirai, la production de ces déformations vulvaires.

Quoi qu'il en soit de la réserve que je viens d'émettre, il est évident que l'âge joue un grand rôle dans leur origine, et qu'avec A. Tardieu, il faut admettre que ces déformations s'établissent d'autant plus facilement que les rapports sexuels ont lieu dès le jeune âge. A cet égard la statistique dressée par A. Tardieu nous donne les renseignements suivants. Cet auteur a constaté que les déformations vulvaires, résultant de la défloration, existaient cinquante-neuf fois chez des petites filles au-dessous de onze ans, trente-deux fois chez des enfants de onze à quinze ans, quatre fois chez des jeunes filles de quinze à vingt ans et une fois chez une femme de quarante-un ans.

Tout en acceptant cette statistique, je dirai que, d'après un relevé fait dans mon service, la proportion au-dessus de quinze ans est plus grande que ne l'a établie A. Tardieu. A cela rien d'étonnant, si le médecin se rend compte de l'acte de la défloration, des causes physiques qui facilitent ou qui gênent plus ou moins son accomplissement.

J'appelle sur ce point, Messieurs, toute votre attention, parce que les détails dans lesquels je vais entrer, vous montrent la production de ces déformations, vous en donnent une compréhension claire et précise. En outre, j'appelle d'autant plus votre attention sur cette description que vous retrouverez dans les déformations de l'anus produites par le coït anal, par la sodomie en un mot, les mêmes circonstances, les mêmes conditions d'origine et de développement.

La production des déformations vulvaires dues à la défloration, dues au coït, est basée sur ce principe. Tant qu'il existe un rapport absolu entre le volume des organes sexuels, l'acte physiologique s'accomplit facilement, il ne survient pas de déformations vulvaires. Qu'au contraire, ce rapport n'existe plus, l'acte copulateur s'accomplit avec plus ou moins de difficulté, et la déformation se montre. Telle est, Messieurs, la base essentielle de toute production des déformations, qu'elles soient vulvaires ou anales. Ce principe est si vrai, que, s'il existe entre les organes sexuels un rapport absolu, le coït s'exerce, sans douleur, sans perte de sang, sans difficulté, la membrane hymen elle-même peut rester intacte. Le coït est si facile, que l'amant, le mari, ne veulent pas croire à la virginité de leur maîtresse ou de leur femme. Les auteurs ont cité de nombreux exemples de ces faits ; moi-même j'ai souvent l'occasion de vous montrer, pendant mes

conférences cliniques, des femmes se livrant
depuis nombre d'années au coït, et cela plusieurs
fois par jour, qui conservent la membrane hymen
et chez lesquelles l'orifice vulvaire ne présente
aucune déformation. C'est dans ces circonstances
que l'examen médical de jeunes filles peut se
faire sans inconvénient, que la grossesse peut
avoir lieu chez de jeunes femmes possédant encore tous les attributs de la virginité, même au
moment de l'accouchement. Les gynécologues et
les accoucheurs en citent de nombreux exemples.

Mais, dès que le volume ou les dimensions des
organes sexuels diffèrent chez l'un ou l'autre
sexe, dès qu'il y a disproportion entre les organes
génitaux, le coït s'accomplit avec une difficulté
plus ou moins grande, et les déformations vulvaires surviennent.

Cette disproportion peut exister dans l'un et
l'autre sexe, soit du côté de l'homme, le pénis
étant volumineux, soit du côté de la femme,
l'orifice vulvo-vaginal étant rétréci par la résistance normale, par la tonicité physiologique du
muscle constricteur de la vulve ou par le fait de
la résistance exagérée de la membrane hymen.

D'autres dispositions morbides peuvent encore
produire la non-adaptation des organes, telles que

l'imperforation du vagin, la présence de brides verticales au niveau de la vulve, la hauteur du périnée en vertu de laquelle chez certaines femmes la fourchette semble portée vers le pubis, d'où une difficulté réelle dans l'intromission du membre viril. Je ne dois pas oublier non plus la longueur de la symphyse pubienne qui peut gêner l'introduction du pénis.

Nous avons en ce moment un exemple de ce genre au n° 19 de la salle Cullerier. La malade, âgée de seize ans, est rachitique ; elle a, dit-elle, commencé à marcher très tard ; les jambes sont légèrement incurvées en dedans. Elle a été réglée et déflorée à l'âge de quinze ans. Le coït tenté depuis, trois ou quatre fois par semaine, n'aurait jamais pu se faire complètément ; toujours les essais ont déterminé une douleur assez vive. A l'examen, on constate que la vulve est refoulée en arrière et en haut ; il existe un véritable infundibulum vulvaire. Le doigt, introduit pour pratiquer le toucher utérin, est d'abord arrêté par les parties inférieures de la symphyse pubienne, on est obligé de lui faire subir une sorte de mouvement de bascule de haut en bas pour pénétrer dans le vagin. Si, au contraire, on déprime un peu le périnée, le doigt pénètre facilement dans le vagin et on arrive à sentir le sacrum ainsi que l'angle sacro-vertébral, preuve que le bassin est rétréci. Quant à la symphyse du pubis, sa longueur est de sept centimètres. Ajoutons que pour toutes ces raisons qui empêchent le coït, la malade se livre à la masturbation et à la sodomie.

Ces différentes conditions donnent l'explication des déformations vulvaires produites par la défloration chez les petites filles ou chez les filles pubères. Je ferai toutefois remarquer que, chez ces dernières, les déformations remontent souvent à une époque rapprochée du jeune âge. Les malades racontent qu'à l'âge de huit, dix, douze ans, elles ont subi les approches d'individus plus ou moins âgés. Je pourrais vous citer de nombreuses observations de défloration à l'âge de huit ou neuf ans pratiquées par des individus étrangers à la famille de l'enfant, ou bien par un oncle, un frère ou même le père. Je ne veux pas m'appesantir sur ces faits d'immoralité criminelle ; il me suffit de les signaler pour vous montrer que, dans les expertises médico-légales, vous devez tenir compte de la possibilité de faits semblables, et constater si la déformation ne remonte pas au jeune âge.

Telles sont les différentes circonstances qui président au développement, à la production des déformations vulvaires produites par la défloration. Voyons en quoi elles consistent, quels en sont les caractères cliniques ?

Le professeur A. Tardieu en a donné chez l'enfant une description typique : « Un premier fait, dit l'illustre maître, qui frappe chez les enfants ainsi livrés à ces habitudes corruptrices, c'est le développement prématuré des parties sexuelles et l'excessive précocité qui contraste d'une manière parfois si singulière avec l'âge, la taille, la force et la constitution générale des petites filles. C'est ainsi que j'ai vu des enfants qui, à dix et onze ans, présentaient les caractères de la nubilité : pubis recouvert de poils, développement des seins, etc. »

« Dans ces circonstances, les grandes lèvres sont épaissies, écartées à la partie inférieure, ce qui est le contraire de ce que l'on doit observer ; car, ainsi que j'ai eu l'occasion de le dire précédemment, chez l'enfant, les lèvres sont plutôt ouvertes à la partie supérieure. Les petites lèvres sont en outre allongées au point parfois de dépasser les grandes, comme si elles avaient subi des tiraillements répétés. Le clitoris est rouge, saillant, en demi-érection ; il est en partie découvert ; en un mot, on observe ici tous les caractères de la masturbation. »

« Ce n'est pas tout : l'étroitesse des parties et la résistance de l'arcade osseuse sous-pubienne, s'opposant à l'intromission complète du membre viril et à la destruction de la membrane hymen, de nouvelles déformations s'établissent. La membrane hymen se trouve refoulée en arrière et un peu en haut ; en même temps il y a un refoulement de toutes les parties qui constituent la vulve. Il en résulte la formation, aux dépens du canal vulvaire, d'une sorte d'infundibulum plus ou moins large, plus ou moins profond, capable de recevoir l'extrémité du pénis et très analogue à celui qui a été indiqué pour l'anus dans le coït anal. »

« Cet infundibulum est formé aux dépens de la fosse naviculaire et jamais aux dépens du périnée, ainsi que l'avait dit Toulmouche. Sa longueur peut atteindre deux ou trois centimètres. Quant à la membrane hymen, on la retrouve à l'extrémité du canal ainsi constitué ; elle peut être intacte, légèrement déchirée ou former de petites languettes qu'il ne faut pas prendre pour de véritables caroncules myrtiformes ; celles-ci, en effet, sont constituées non seulement par les lambeaux qui résultent de la déchirure de cette portion du vagin que l'on appelle l'hymen, mais par ceux qui résultent de la déchirure de la muqueuse vaginale qui tapisse l'anneau vulvaire. »

« Il est curieux de voir cette membrane hymen située immédiatement à l'entrée du vagin, former à ce niveau une sorte de bourrelet percé au centre d'une ouverture à bords frangés, ou bien être réduite à un anneau, à un repli circulaire, amincie, comme usée sous l'influence des pressions répétées qu'elle a subies. »

Chez les jeunes filles, vers l'âge de la puberté, s'il y a eu des tentatives de défloration, on observe le plus souvent un large évasement de l'orifice vulvaire. L'hymen est parfois relâché ; il flotte pour ainsi dire entre l'extérieur et les parties profondes.

Tels sont les principaux caractères cliniques que l'on observe après la défloration dans les conditions que je vous ai indiquées. Mais, dans certains cas, l'infundibulum vulvaire peut avoir une longueur plus considérable que celle que j'ai donnée ; c'est ainsi qu'il y a quelques années, chez une négresse couchée au n° 34 de la salle Cullerier, j'ai observé un infundibulum vulvaire qui ne mesurait pas moins de quatre à cinq centimètres. Cette fille avait été déflorée à l'âge de douze ans après plusieurs tentatives par un individu assez vigoureux.

Depuis j'ai recueilli d'autres exemples. Entre autres je vous citerai celui d'une malade de vingt-deux ans, entrée l'an dernier, salle Natalis Guillot, lit n° 35. Cette malade présentait un infundibulum vulvaire très allongé, mais chez elle le vagin était rudimentaire et permettait à peine l'introduction du doigt dans une longueur de trois centimètres.

Les caractères cliniques qui accusent les déformations vulvaires résultant de la défloration sont donc assez nets, assez typiques pour que vous les reconnaissiez immédiatement. Aussi n'est-il pas nécessaire d'insister plus longuement sur le diagnostic différentiel ; qu'il me suffise de signaler les conséquences cliniques qui en découlent.

Ces conséquences sont de deux ordres. Tout d'abord en médecine légale, cette étude permet de reconnaître si la femme ou la petite fille soumise à l'examen de l'expert a des habitudes de rapprochements sexuels. En second lieu, le praticien trouve dans la constatation de ces déformations les causes de la difficulté, de la douleur, de l'impossibilité des rapports conjugaux ; il y trouve encore les indications qui le guident dans la thérapeutique à employer. Se trouve-t-il, par exemple, en face d'une résistance de l'hymen, de la tonicité

du muscle constricteur, d'un rétrécissement vulvo-
vaginal, il triomphe de ces divers obstacles par
l'incision de l'hymen, par l'introduction de mèches
enduites de pommade belladonée, par la dilatation
de l'orifice vaginal.

Dans le cas où les rapports sexuels sont gênés
ou empêchés par la hauteur du périnée, par l'a-
baissement, la longueur de la symphyse pubienne,
etc., les agents ordinaires de la thérapeutique
n'ont aucune action. Il faut alors conseiller à la
femme certaines positions qui facilitent le coït,
telles sont les positions genu-pectorales, latérales,
etc.

En vous signalant, Messieurs, l'acte et les conditions étiologiques qui produisent les déformations vulvaires lors des rapprochements sexuels,
j'ai laissé de côté une circonstance qui a été invo-
quée par certains auteurs, je veux parler de la
prostitution. En agissant ainsi, mon but était de
traiter à part cette question qui, par cela même
qu'elle a reçu plusieurs solutions, ainsi que nous
allons le voir, offre le plus grand intérêt.

Vous savez en quoi consiste la prostitution et
comment elle s'exerce. Vous savez qu'elle est réglementée, soumise à certaines lois de police munici-
pale ou bien qu'elle est libre, clandestine. Je n'in-

siste pas sur ces divers points du plus haut intérêt pour le médecin et pour le moraliste. Ce n'est pas le moment. Toutes ces questions seront du reste étudiées avec tout le développement qu'elles comportent dans mon *Traité de la prostitution.*

Pour l'instant, je dois me borner à rechercher si oui ou non la prostitution produit sur les organes génitaux externes des déformations telles qu'à leur inspection on puisse reconnaître leur origine.

Avant de vous donner le résultat de mes observations sur ce sujet, je vous dois quelques mots sur les opinions des auteurs qui m'ont précédé dans cette étude. Ces opinions sont de deux sortes : Les unes sont pour la négative, les autres pour l'affirmative.

Parmi les auteurs qui nient que la prostitution produise sur les organes génitaux externes des désordres particuliers, je dois citer surtout Parent-Duchâtelet. Cet auteur qui, vous le savez, s'est livré à toutes les recherches intéressant au plus haut degré l'étude de la prostitution, est arrivé à cette conclusion que les parties génitales, chez les prostituées, ne présentent aucune altération spéciale, aucune particularité digne d'être notée.

Ainsi relativement à l'amplitude de la vulve et du vagin signalée comme habituelle chez la prostituée, les recherches de cet auteur lui permettent de dire que cet état est pour beaucoup de femmes un état naturel. « Les proportions qu'offre le conduit vaginal chez certaines femmes, dit-il, ne doivent pas plus étonner que les dimensions de certaines parties du corps qui varient d'une manière si remarquable suivant les individus. Et la preuve, ajoute-t-il, c'est que j'ai rencontré de jeunes prostituées, presque débutantes dans le métier, avec un vagin énormément dilaté, tandis qu'au contraire, il n'est pas rare de constater chez des femmes adonnées depuis dix, quinze, vingt ans à la prostitution la plus active, un vagin d'une dimension médiocre et sans la moindre altération sur les parties génitales. »

Pour Parent-Duchâtelet, vous le voyez, il n'est aucune déformation vulvaire ou vaginale caractéristique de la prostitution.

Parmi les auteurs qui pensent au contraire que la prostitution produit sur les organes génitaux des déformations particulières, je citerai M. le docteur Charpy qui, dans un travail publié dans les *Annales de dermatologie et de syphiligraphie* en 1871-1872, s'est attaché à faire ressortir l'as-

pect spécial des organes génitaux externes chez
les prostituées.

Cet auteur, tout en reconnaissant que les déformations qu'il va décrire n'ont rien de caractéristique, qu'aucune n'est l'apanage exclusif
de la fille publique et qu'elles sont le fait seul de
« l'habitude de l'amour », passe en revue les altérations que subissent les grandes et les petites
lèvres, le clitoris, le méat urinaire.

Pour M. Charpy, ces déformations, qui résultent de l'étude de plus de huit cents observations
recueillies chez des prostituées de tout âge, consistent dans une hypertrophie et parfois dans une
atrophie des grandes et des petites lèvres, dans
l'aspect ridé, dans la coloration brunâtre des petites lèvres, parfois dans la saillie en boule de
l'extrémité inférieure des grandes lèvres due à
un kyste de la glande vulvo-vaginale ; elles consistent dans l'apparition très fréquente sur ces organes d'éruption acnéique ou herpétique, dans l'é-
longation du clitoris et dans le refoulement en
haut du méat urinaire, refoulement dû, en partie,
à la saillie du bulbe vaginal, par suite du développement de son tissu érectile, à la procidence
de la paroi vaginale, et en partie au gonfle-
ment des follicules qui entourent l'entrée de

ce méat. A ces déformations, M. Charpy ajoute
l'évasement de l'orifice vaginal par suite de la
perte de l'élasticité des tissus et de la tonicité du
muscle constricteur ; l'épaississement de la muqueuse de l'orifice vaginal qui est jaunâtre,
comme tannée ; un état fongueux du canal de
l'urèthre avec inflammation chronique des follicules situés à la partie antérieure et inférieure de
ce canal, résultant du frottement et surtout des
uréthrites anciennes. Par suite de ces uréthrites,
la muqueuse se tuméfie, se détache et vient faire
saillie à l'extérieur sous forme d'une masse fon-
gueuse, violacée, facilement ulcérée.

M. Charpy termine son travail pas la conclusion suivante : « La prostituée subit dans ses
organes génitaux une série de déformations qui
relèvent de causes opposées : de l'usure qui
atrophie, et de l'irritation qui hypertrophie. »

Cette étude des déformations vulvaires produites
par la prostitution n'est pas, Messieurs, aussi facile
qu'elle le paraît tout d'abord. En effet, ces déformations n'offrent aucun caractère net et précis ; en
outre leur existence est des plus variables, des plus
inconstantes. Absentes chez les femmes qui s'a-
donnent habituellement à la prostitution et depuis
un grand nombre d'années, vous les rencontrez chez

des jeunes filles de seize, dix-sept ans déflorées depuis quelques mois. En outre, vous les trouvez non seulement chez les prostituées, chez la femme galante, mais encore chez la femme mariée, ainsi que cela ressort de mes observations recueillies avec soin depuis sept ans, soit dans ma pratique hospitalière soit dans ma pratique civile. En les dépouillant vous verrez qu'à côté des femmes qui ont, comme le dit M. Charpy, « l'habitude de l'amour », qui se livrent au coït jusqu'à six et dix fois par jour, et dans certains jours, tels que le samedi et le dimanche, jusqu'à quinze et vingt fois, ainsi que nous le disent les femmes qui servent en qualité de domestiques chez les marchands de vin des faubourgs de Paris, notamment chez ceux qui avoisinent l'école militaire, les casernes, ou qui exercent leur industrie dans les quartiers où les ouvriers sont en grand nombre comme Montmartre, Clignancourt, La Villette, Belleville, les Gobelins, etc., etc. ; à côté de ces femmes, dis-je, dont les organes génitaux externes ne présentent aucune déformation autre que celles dues à la masturbation ou au saphisme, vous en trouvez de très nettes chez les jeunes filles déflorées depuis quatre à six mois au plus, chez les femmes vivant en concubinage, chez les femmes mariées qui n'ont des rapports sexuels que tous les deux ou trois jours ou une fois par semaine.

D'après mes observations, qui concordent avec celles de Parent-Duchâtelet, la prostitution, l'acte de faire métier de son corps, ne donne pas lieu à des déformations particulières de la vulve. Il faut, lorsque ces déformations existent, invoquer, suivant moi une autre cause. Avant de la rechercher, je dois vous faire connaître les déformations vulvaires que j'ai constatées et que j'ai relevées parmi les trois mille observations que j'ai recueillies depuis que je m'occupe de cette question.

La vulve présente un aspect particulier. Les grandes lèvres sont flasques, ridées, plus volumineuses qu'à l'état normal ; elles sont pendantes, plus ou moins brunâtres suivant que la pigmentation est plus ou moins abondante. Les petites lèvres sont normales. L'orifice vaginal est béant ; il suffit d'écarter les cuisses pour voir la partie antérieure du vagin, la saillie des plis vaginaux et du bulbe du vagin. Cet aspect rappelle celui de la vulve chez une femme qui a eu un ou plusieurs enfants. Tels sont les caractères cliniques que j'ai relevés dans tous les cas qui ont attiré mon attention.

Je les ai trouvés seuls ou combinés avec les autres déformations vulvaires produites par la masturbation ou par le saphisme. Je n'ai pas besoin de vous dire que ces femmes n'avaient eu ni grossesse, ni accouchement ; qu'elles n'avaient aucune affection vulvaire, aucune affection spécifique.

A quoi donc attribuer cet aspect particulier de la vulve chez certaines femmes ? Quelles causes invoquer ? Pour moi, c'est le résultat du coït avec toutes les circonstances qui l'accompagnent, telles que la disproportion du volume des organes génitaux, l'âge du sujet, la répétition multiple de l'acte. Mais, tout en les attribuant au coït, il faut, si j'ose m'exprimer ainsi, chercher une idiosyncrasie particulière au sujet ; un état particulier des organes génitaux, un développement exagéré de ces organes ; il faut tenir compte de toutes ces circonstances pour avoir l'explication de la présence de ces déformations vulvaires chez certaines femmes, de leur absence chez d'autres. Du reste, en interrogeant la femme, qu'elle soit adulte ou déjà avancée en âge, vous apprenez, qu'étant jeune fille, âgée de quatorze à seize ans, dès l'apparition de la menstruation, les organes sexuels ont acquis un développement exagéré. Si vous poussez plus loin votre interrogatoire, si vous recherchez notamment l'existence d'une maladie constitutionnelle ou diathésique antérieure, vous constatez que ce développement se montre surtout chez la femme scrofuleuse, lymphatique, ou arthritique. C'est un fait intéressant à signaler et que mes études sur la pathogénie des affections génito-sexuelles m'ont mis à même de bien apprécier.

De ce qui précède, je conclus donc que la prostitution ne produit pas sur la vulve des déformations particulières. Celles qui existent, tout en pouvant être attribuées au coït, résultent surtout du développement exagéré des organes génitaux externes que l'on remarque chez certaines femmes scrofuleuses, lymphatiques ou arthritiques. Cette conclusion est tellement vraie, que vous ne constatez ces déformations que chez les femmes dont les organes génitaux externes offrent avant la défloration un développement plus exagéré que ne le comporte leur âge.

J'en ai fini, Messieurs, avec les déformations vulvaires, il me reste maintenant à faire l'étude des déformations anales.

III

Déformations anales produites par la sodomie

Les déformations anales, résultant d'un acte contre nature tel que la sodomie, sont, pour le médecin, tout aussi importantes, tout aussi intéressantes à étudier que les déformations vulvaires. Elles soulèvent, non seulement des questions médico-légales graves que le médecin légiste est appelé à résoudre, mais encore elles concordent avec des lésions de l'anus et de la partie inférieure du rectum ; elles sont, en outre, si souvent accompagnées d'infirmités tellement dégoûtantes et d'affections contagieuses qui peuvent avoir pour la malade un résultat si pernicieux qu'il est de mon devoir de les étudier, d'en préciser les caractères cliniques, afin de vous mettre à même de les reconnaître, de combattre les conséquences terribles qui parfois en résultent, et de réprimer autant qu'il est possible, l'acte contre nature qui les produit.

Comme pour les déformations vulvaires, je laisse de côté, dans cette étude, les déformations produites par un état pathologique de l'anus, abcès de la marge de l'anus, fistules, hémorrhoïdes, prolapsus de la muqueuse rectale, rétrécissement du rectum, rétrécissement de l'anus. Vous pouvez être étonnés de m'entendre citer le rétrécissement de l'anus, parmi les affections de la partie inférieure de l'intestin. Cette affection est en effet des plus rares ; peut-être même le cas que j'ai soumis à votre examen pendant mes conférences cliniques, est-il unique dans la science ? Je n'ai pas eu le temps de consulter les auteurs et de rechercher ce qu'ils nous apprennent à cet égard. Quoi qu'il en soit, je mentionne cet exemple que j'ai soumis à l'examen de mon excellent collègue et ami, le docteur Pozzi, chirurgien de cet hôpital, qui a bien voulu se charger du traitement.

Voici en quelques mots, pour ceux d'entre vous qui n'ont pas observé ce cas intéressant, l'histoire de cette malade. Il s'agit d'une femme, âgée de trente-sept ans, entrée une première fois dans mon service au mois d'avril 1880, pour des syphilides papulo-

5.

hypertrophiques érosives de la vulve et de l'anus. Rien de particulier, à part les syphilides anales, n'avait été noté à cette époque dans l'observation. Au mois de février dernier (1883), elle est rentrée dans mon service pour un rétrécissement de l'anus portant exclusivement sur cet orifice. Ce rétrécissement, coïncidant avec la perte de tonicité du muscle sphinctérien, est tel que cette malheureuse femme présente une infirmité dégoûtante par suite de la sortie involontaire et constante des gaz intestinaux et des matières fécales. C'est à cette infirmité qu'a dû remédier M. Pozzi en pratiquant une opération qui, je puis aujourd'hui vous l'annoncer, a parfaitement réussi.

Je laisse de côté également les déformations anales produites par un traumatisme, telles que celles qui résultent de l'introduction de corps étrangers, morceaux de bois, verres, etc., etc., pour ne m'occuper que des déformations de l'anus dues à la sodomie. Je suis pourtant obligé de vous signaler le cas que nous avons observé ensemble ce matin sur une malade de la salle Cullerier. Cette jeune femme, qui est entrée pour une affection utérine et pour des lésions anales, consistant dans la déchirure et des ulcérations de la muqueuse anale, ainsi que pour des abcès fistu-

leux de la marge de l'anus, nous a raconté que
ce traumatisme de l'anus résultait de l'introduction violente du bouchon d'une bouteille
de champagne, introduction faite dans le but de
faciliter l'acte sodomique qui, du reste, avait été
pratiqué aussitôt et successivement par trois individus. C'est un fait à retenir dans l'histoire de
la sodomie, tant au point de vue de la cause des
lésions que de sa rareté. Je ne connais pas de
fait analogue.

La sodomie, Messieurs, consiste dans le coït
anal. C'est le terme général employé pour dési-
gner les actes contre nature, sans exception du
sexe des individus entre lesquels s'établissent ces
rapports coupables.

La pédérastie, παιδος εραστής (l'amour des jeunes
garçons), consiste dans les rapports contre nature
qui s'établissent d'homme à homme. Aussi a-t-on
pu établir une pédérastie passive et une pédérastie active. La première seule, à laquelle je con-
serverai le nom de sodomie, doit nous occuper.
Chez la femme la pédérastie ne peut être que
passive.

Au début de cette étude sur les déformations
vulvaires et anales, je vous ai montré que les actes
qui les produisent étaient de toutes les époques,

qu'on en retrouvait l'existence depuis les temps les plus reculés jusqu'à nos jours. J'ai cité, sans vouloir faire un historique qui m'eût entraîné trop loin, les noms des principaux médecins qui avaient étudié les déformations que ces actes contre nature développent sur la vulve et sur l'anus. Je n'y reviendrai donc pas; je répéterai seulement que c'est au professeur A. Tardieu que nous devons surtout la connaissance des caractères cliniques des déformations anales de la sodomie.

Quelle est la fréquence de la sodomie? dans quelles conditions l'observe-t-on ? tels sont les points qui doivent nous intéresser tout d'abord. Puis j'étudierai les caractères cliniques, les lésions physiques et pathologiques qui en découlent, qui permettent de les reconnaître et de les différencier des déformations anales pathologiques.

La fréquence de la sodomie est grande, rien qu'à en juger par les faits que vous êtes à même d'observer tous les jours dans mon service. Depuis mes leçons de 1881, sur ce sujet, je le dis à regret, les déformations anales par le fait de cet acte contre nature deviennent de plus en plus nombreuses, prouvant ainsi que les actes libidineux augmentent de jour en jour. Si j'osais exprimer le résultat de mes observations, je dirais que, depuis plusieurs années, je constate une progression évidente dans ces actes. Le saphisme et la sodomie augmentent dans des proportions inouïes. Il semble que la femme soit par indifférence, soit parce qu'elle cherche de nouvelles excitations sensuelles, soit parce qu'elle désire augmenter son lucre, ou parce qu'elle veut satisfaire les passions honteuses des hommes qui, de leur côté, cherchent de nouveaux plaisirs pour exciter ou réveiller leur sens génital affaibli ou absent, il semble, dis-je, que la femme préfère le saphisme au coït, le coït anal au coït vaginal, de même que l'homme, de son côté, porte plutôt ses préférences sur le saphisme ou sur la sodomie. Vous, Messieurs, qui assistez à l'examen des malades de mon service, à mes conférences cliniques, vous [êtes frappés, j'en suis sûr, de la même pensée, et partagez mes convictions.

Quelle que soit la cause que vous invoquiez et que les sociologistes puissent faire valoir, je le répète, cette fréquence est grande, plus grande d'année en année.

Les faits que j'ai recueillis en deux ans s'élèvent à plus de cent dans mon service. Actuellement sur quatre-vingt-six malades le quart au moins présente les déformations anales de la sodomie.

Dans quelles conditions observe-t-on la sodomie chez la femme ? Quelles sont les circonstances qui la favorisent, qui la rendent plus fréquente ? Telles sont les questions dont je dois, avant tout, chercher la solution.

Chez la femme, la sodomie ne se présente pas dans les mêmes conditions étiologiques, dans les mêmes circonstances que chez l'homme. Tandis que, chez ce dernier, la pédérastie possède une organisation spéciale, parfaitement réglée, et qui, tout en étant clandestine, il est vrai, n'en est pas moins réelle, au point qu'on peut lui donner le nom de prostitution pédéraste, ayant, ainsi que l'a dit A. Tardieu, ses maisons particulières, ses maisons de passe, ses racoleurs sur la voie publique, connus sous le nom de *tantes*, ses habitudes de paresse, de vol, d'ivrognerie, de crime, son habitus extérieur, se révélant par la manière de s'habiller, de se vêtir, de se couvrir d'objets, de bijoux appartenant ordinairement au sexe féminin ; tandis que, chez le sexe masculin, cette organisation de la pédérastie, cette prostitution est destinée surtout à favoriser l'industrie coupable, désignée sous le nom de *chantage,* et exercée ordinairement par des voleurs, des jeunes garçons corrompus ; tandis qu'elle a pour but de spéculer sur les passions des individus dont le sens moral est perverti, dont le sens intellectuel est troublé, affaibli, ou dont les habitudes vicieuses se sont développées peu à peu et ont acquis sur eux un empire extrême ; chez la femme, au contraire, les circonstances que j'appellerai étiologiques sont différentes. La sodomie n'est pas une affaire de chantage et surtout elle n'est pas le prélude du vol ou du crime.

On constate, il est vrai, l'existence de cet acte contre nature chez les filles publiques, chez les prostituées ; mais, pour elles, le coït anal est considéré, ainsi que le coït vaginal, ainsi que le saphisme, comme un moyen de lucre, comme un moyen d'augmenter le salaire, en satisfaisant les goûts dépravés des hommes qui, craignant les compromissions de la pédérastie et notamment le chantage, s'adressent à la prostitution féminine. Mais tout en reconnaissant que, chez la prostituée, la sodomie est assez fréquente, je suis obligé de reconnaître qu'elle ne fait pas partie intégrante de la prostitution féminine et d'admettre que ce n'est pas dans cette catégorie de femmes que je la rencontre le plus ordinairement. Je la constate surtout chez les femmes dont les habitudes sociales, la profession, éloignent toute idée de ce rapport contre nature, et où si le médecin n'a pas fait une étude approfondie des déformations anales, il est exposé à méconnaître l'origine des accidents locaux et généraux qui sont sous la dépendance de cet acte contre nature.

Méconnaître la sodomie ne constituerait, après tout, qu'une erreur de diagnostic pardonnable. Malheureusement elle donne lieu à des désordres locaux, à des désordres généraux, soit du côté du système nerveux, soit du côté de la nutrition qui, si leur origine n'est pas connue, peuvent acquérir une intensité telle que la santé, la vie de la femme se trouvent très compromises. Aussi, tout en insistant sur les caractères cliniques des déformations anales, mon devoir est de faire connaître les conditions particulières qui président à cet acte contre nature et mettent le médecin à même de porter ses recherches sur un organe dont l'exploration habituelle n'a lieu que dans des circonstances bien déterminées.

Et d'abord, Messieurs, sachez-le, la sodomie s'observe souvent chez la femme mariée, soit qu'elle ignore l'abjection de l'acte que le mari lui demande, soit qu'elle subisse un acte imposé par la violence, la brutalité, soit enfin qu'elle s'y soumette volontairement par jalousie, par crainte de voir son mari demander à la prostitution masculine ou féminine la satisfaction d'un appétit génésique qui le domine.

Des trois conditions qui président à la sodomie chez la femme mariée : ignorance, brutalité, jalousie, A. Tardieu avait observé les deux premières ; quant à la troisième, elle m'a été communiquée par un de mes élèves et confrères, le docteur Bernard (de Cannes).

Voyons d'abord ce que dit A. Tardieu. « Chose singulière, écrit l'éminent professeur, c'est dans les rapports conjugaux que se produit souvent la sodomie. Le coït anal remplace le coït vaginal qui parfois n'a même jamais été pratiqué. D'autres fois, c'est quelques jours après le mariage, que les hommes adonnés à ces goûts dépravés commencent à les imposer à leurs femmes. Celles-ci, dans leur innocence, dans leur ignorance, s'y soumettent d'abord ; mais plus tard, averties par la douleur ou renseignées par une amie, par leur mère, elles se refusent plus ou moins opiniâtrement à des actes qui ne sont plus dès lors tentés ou accomplis que par violence. Sur des dénonciations, sur des plaintes de la femme ou de la famille, la justice est saisie, et comme ces faits, d'après les arrêts de la cour de cassation, sont considérés comme des crimes, comme des attentats à la pudeur exercés par un mari sur sa femme, constituant des actes contraires à la fin légitime du mariage, alors surtout qu'ils sont accomplis avec violence physique, le médecin légiste intervient, il est désigné par la justice, pour faire un rapport sur les faits incriminés. » Ce rapport, Messieurs, je le dis en passant, doit spécifier non seulement les caractères qui précisent l'acte de la sodomie, mais encore les preuves matérielles de l'existence ou de la non-existence des rapports sexuels, la conformation des organes génitaux, les déformations qu'ils peuvent présenter. Ce rapport, en un mot, est basé sur toute l'étude, que je viens de faire, des déformations vulvaires et sur celles que je fais actuellement des déformations anales.

Les conséquences judiciaires de la sodomie vous montrent, Messieurs, l'importance et l'intérêt que cette étude des déformations vulvaires et anales comporte pour le médecin.

La troisième condition où la femme mariée se

livre à la sodomie, paraît avoir passé inaperçue des médecins légistes ou du moins il n'en est fait aucune mention dans leurs ouvrages. J'avais bien constaté, chez la femme vivant en concubinage, la sodomie par jalousie, et cela malgré les plus vives répugnances que cet acte contre nature lui inspire, mais je n'avais pas encore recueilli d'observations chez la femme mariée. A cet égard, le fait qui m'a été communiqué par mon excellent confrère, le Docteur Bernard (de Cannes), est des plus intéressants. Voici la relation qu'il m'en a donnée.

« Il y a deux ans, m'écrit-il, j'ai été appelé à soigner une dame de vingt-huit ans, mariée. Elle se plaint de douleurs vagues dans les membres inférieurs, des ensations de froid et de fourmillement. Rien du côté de la miction ni de la défécation. — J'emploie des frictions excitantes. — Au bout de trois jours, je me trouve en présence d'une paralysie complète des membres inférieurs. Les frictions à la pommade de strychnine, le repos complet, les douches froides, font disparaître rapidement les accidents. Un mois après, réapparition de la paraplégie. Intrigué par ce fait, j'interroge prudemment la malade, et je finis par obtenir l'aveu que son mari pratique sur elle le coït anal depuis plusieurs années. Chaque fois, dit-elle, que son mari se livre sur elle à cet acte contre nature, pour lequel elle a la plus vive répugnance, la paraplégie survient. Elle sait bien, ajoute-t-elle, que les conséquences peuvent être terribles; mais comme elle ne veut pas refuser à son mari cette satisfaction, par crainte qu'il aille ailleurs satisfaire sa passion obscène, elle me demande de lui indiquer un moyen qui pourra la mettre à même de satisfaire son mari sans qu'elle ressente les accidents qui en découlent. » Je n'ai pas besoin de vous dire que le médecin ne put que lui prescrire de cesser tout rapport; que là était le véritable moyen de se débarrasser de cette paraplégie qui, disons-le, était véritablement intermittente.

Ce fait, où la jalousie joue un rôle, n'est pas unique. Je le répète, j'ai reçu plusieurs aveux du même genre. Mais ce que je n'ai jamais vu, ce que A. Tardieu n'a pas observé non plus, c'est l'accident nerveux, c'est la paraplégie accompagnant l'acte sodomique. A ce titre, je considère cet exemple comme unique dans la science.

J'aurai à en tenir compte lorsque je passerai en revue les accidents généraux qui se développent par le fait de la sodomie.

D'autres fois la sodomie s'observe dans les circonstances suivantes. Par suite d'une anomalie des organes sexuels, telle qu'imperforation de la vulve et du vagin, brides cicatricielles rétrécissant l'anneau vulvo-vaginal, adhérence des petites lèvres telle qu'il n'existe qu'une fente plus ou moins longue, plus ou moins extensible, vagin rudimentaire, le coït vaginal ne peut avoir lieu ; il est remplacé par le coït anal.

Dans ces déformations vulvaires pathologiques, la sodomie est pour ainsi dire la règle. J'en ai recueilli plusieurs observations. Qu'il me suffise de vous citer la suivante : Il s'agit d'une jeune fille, âgée de quinze ans, couchée au n° 46 de la salle Natalis Guillot. Cette jeune fille, par suite d'une opération subie dès l'âge de un an, ou par suite d'une malformation congénitale, présente une adhérence des nymphes. Cette adhérence, complète en bas et en haut où elle recouvre complètement le clitoris, est incomplète sur la ligne médiane ; il en résulte un orifice large de deux centimètres environ, correspondant à l'entrée du vagin. Le doigt peut le franchir et fait reconnaître la présence de l'utérus. Le speculum ordinaire ne peut pénétrer ; il faut se servir d'un speculum *ani* qui permet de reconnaître le col utérin parfaitement normal. Cette jeune fille, par suite de son infirmité, ne peut supporter le coït vaginal; son amant pratique sur elle le coït anal. Elle est entrée dans mon service pour un chancre infectant occupant la partie antérieure de l'anus. La vulve est parsemée de syphilides papulo-érosives et papulo-hypertrophiques. Quant à l'anus, il est très dilaté, au point qu'il admet facilement deux doigts, et, qu'en les écartant on voit la muqueuse anale relâchée, rouge et ulcérée. Outre cette dilatation énorme, les plis radiés sont effacés; la tonicité sphinctérienne a disparu ou du moins elle est des plus faibles. Aussi la malade ne peut que difficilement retenir les matières fécales. L'excrétion gazeuse est involontaire. Chez cette malade l'infundibulum anal n'est pas très accusé. Depuis le jour où la sodomie a été accomplie, la malade accuse des douleurs, des cuissons, des brûlures lors du passage des matières fécales.

La sodomie s'observe encore chez les femmes atteintes d'une affection douloureuse de la vulve, du vagin et même de l'utérus. C'est ainsi que vous la rencontrez fréquemment chez les femmes atteintes d'hyperesthésie vulvaire, de vulvisme, de vaginite, de métrite. Dans ces affections, le coït vaginal étant très douloureux, parfois même impossible ou provoquant la rechute d'une affection utérine, la femme préfère le coït anal, afin de satisfaire aux désirs sexuels de son mari ou de son amant.

J'en ai recueilli plusieurs observations dont les unes ont été publiées dans mes leçons de 1881 sur la sodomie et dont les autres seront publiées plus tard, car, actuellement, elles allongeraient outre mesure ces leçons. Je me bornerai à vous citer à nouveau le cas de cette malade atteinte d'une longueur exagérée de la symphyse pubienne, sur lequel j'ai appelé votre attention à propos des déformations vulvaires. Chez cette malade couchée au n° 19 de la salle Cullerier, vous vous le rappelez, par suite de la longueur de la symphyse pubienne, qui mesure sept centimètres, le coït vaginal est presque impossible. Le toucher détermine une douleur assez vive et la malade avoue sans difficulté que le coït anal est moins douloureux que le coït vaginal. Aussi lui donne-t-elle toute sa préférence.

Chez une autre malade, couchée au n° 43 de la salle Natalis Guillot, on peut observer une disposition analogue, mais beaucoup moins nette cependant.

Enfin, Messieurs, il est une circonstance toute spéciale où vous rencontrez la sodomie, je veux

parler des mœurs, des habitudes de femmes de
certains pays, de certaines contrées de l'Europe,
d'Asie et d'Afrique. Les jeunes filles de ces pays
préfèrent se livrer au coït anal plutôt qu'au coït
vaginal. La honte d'un tel acte ne les atteint pas
autant qu'elle les atteindrait s'il était reconnu
qu'avant le mariage, elles ont perdu le caractère
de la virginité. Est-ce réellement pour cette raison ou pour toute autre qu'elles se livrent à la
sodomie? Je n'oserais l'affirmer. Mais en vous
signalant ces faits, je ne fais que répéter les
paroles, les raisons que me donnaient ces jeunes
filles étrangères pour expliquer la sodomie que
je constatais chez elles. Quelques-uns d'entre
vous se rappellent peut-être une jeune fille ita-
lienne, âgée de dix-sept ans, couchée au n° 34 de la
salle Cullerier qui, depuis l'âge de onze ans, se
livrait à la sodomie. La défloration remontait à
deux mois environ. C'est à ce moment qu'elle avait
contracté la syphilis, pour laquelle elle était venue
se faire traiter.

En vous disant à quel âge on observe de préférence la sodomie, j'en aurai fini avec les circonstances étiologiques qui président à l'accomplissement de cet acte contre nature.

La sodomie s'observe à tous les âges de la

femme, depuis huit ans jusqu'à cinquante ans et plus. En dépouillant les nombreuses observations recueillies dans mon service, je trouve qu'elle est surtout fréquente entre seize et vingt-cinq ans. Une seule fois la femme est âgée de trente-neuf ans.

En regard de cette observation qui a été déjà publiée et sur laquelle je ne reviendrai pas, je puis placer celle d'une jeune femme, âgée de dix-sept ans, présentant les déformations vulvaires de la masturbation, du saphisme et de la défloration difficile, chez laquelle je constatais aussi les déformations anales de la sodomie. Elle avouait sans restrictions aucunes, sans honte, que ces déformations remontaient à l'âge de huit ans, époque depuis laquelle son père se livrait sur elle au coït vaginal et anal.

Est-ce par suite du jeune âge des malades qui fréquentent cet hôpital, est-ce par suite des circonstances que je vous ai signalées que j'observe la sodomie plus fréquemment entre seize et vingt-cinq ans ? C'est possible. Je ne puis que tenir compte des faits que j'observe. A vous, Messieurs, de rectifier par votre observation les exagérations que j'ai pu commettre bien involontairement, je vous l'assure.

Connaissant les circonstances où la sodomie

s'observe le plus habituellement, je puis aborder avec profit pour votre instruction l'étude des caractères cliniques qui vous permettront, Messieurs, d'attribuer à leur véritable origine, les déformations anales que vous serez à même de constater.

Ces caractères, ainsi que l'a dit A. Tardieu, résident dans les traces matérielles de l'acte qui a été commis. De même que la défloration, le saphisme, la masturbation produisent sur la vulve des déformations caractéristiques, indélébiles au point qu'elles sont toujours reconnaissables malgré leur ancienneté, de même, la sodomie produit sur l'anus, sur l'extrémité inférieure du rectum, sur les parties voisines de l'anus, des déformations telles que, dans la plupart des cas, le médecin peut affirmer l'existence, l'ancienneté et même la fréquence du coït anal.

Quels sont donc les signes physiques qui caractérisent ces déformations et permettent de les attribuer au coït anal?

Les caractères physiques de la sodomie, les déformations anales qui résultent de cet acte contre nature sont des plus variables. Ils varient suivant que l'acte est récent ou ancien, suivant qu'il a été commis avec plus ou moins de vio-

lence, suivant le volume et la disproportion des
organes.

Il est, Messieurs, de la plus haute importance
de tenir compte de toutes ces circonstances, parce
que, les connaissant, il vous sera possible d'apprécier les lésions, les déformations anales, produites par la sodomie. Elles sont aussi importantes
à recueillir que celles que j'ai fait valoir pour la
production, le développement des déformations
vulvaires résultant du saphisme, de la défloration, de la masturbation. Comme pour ces dernières, elles vous renseignent sur la présence ou
sur l'absence de signes considérés comme caractéristiques de cet acte contre nature.

A mesure que nous avancerons dans cette
étude, vous apprécierez mieux leur rôle. Vous
verrez notamment que c'est en les groupant, en
les rapprochant des signes physiques que le médecin arrive, ainsi que je le fais tous les jours
devant vous, dans mes conférences cliniques, à
acquérir non seulement une grande précision
dans son diagnostic, mais encore à obtenir des
malades les aveux les plus complets, malgré les
dénégations énergiques que, tout d'abord, elles
opposent à vos questions.

Si toutefois ces aveux s'obtiennent presque toujours facilement, il faut que vous sachiez, Messieurs, qu'il n'en est pas constamment ainsi. Vous en comprenez les raisons ; il est inutile que je vous les développe. Mais comme il est indispensable d'obtenir cet aveu, non pour affirmer le diagnostic, mais pour avoir des renseignements aussi précis que possible sur les conditions qui ont présidé à l'acte sodomique, je ne saurais trop insister sur la patience, l'habileté que doit déployer le médecin dans les interrogatoires des malades.

En interrogeant les femmes sur lesquelles il a quelques soupçons, il doit notamment procéder avec douceur ; il doit avant tout gagner leur confiance. Puis il multiplie ses questions ; il insinue que c'est probablement par erreur, par surprise, pendant le sommeil, que cet acte a été accompli. Si les dénégations persistent, il demande à la malade des renseignements sur la manière dont le coït se pratique ; il la prie de prendre les différentes positions que son mari, son amant exige. Alors et d'elle-même elle prend la position la plus favorable pour faciliter le coït anal, soit que, se plaçant dans le décubitus dorsal, elle élève le bassin et les membres inférieurs, soit que, se plaçant dans la position genu-pectorale, elle présente la région anale.

En procédant, je le répète, avec douceur, avec persuasion, le médecin arrive toujours à savoir la vérité, surtout s'il s'agit d'une femme mariée, et même d'une femme débauchée. Ces femmes n'ont aucun intérêt à tromper ; elles sont seulement honteuses de l'acte qu'elles subissent.

Tout autre est la difficulté s'il s'agit d'une prostituée, d'une sodomique invétérée. Celle-ci a tout intérêt à cacher le vice honteux qui la fait vivre ; aussi, nie-t-elle énergiquement malgré toutes vos affirmations sur la réalité de l'acte accompli. Vous retrouvez chez la prostituée, les mêmes difficultés que Tardieu a signalées pour l'examen et l'interrogation des pédérastes, qui, eux, ont intérêt, non seulement à cacher les actes honteux auxquels ils se livrent, mais encore à égarer les recherches de la justice sur les crimes qu'ils ont commis. Vous le savez, la sodomie est bien souvent pour le pédéraste l'occasion d'un vol, d'un chantage, quelquefois même d'un assassinat. Dans ce cas, du reste, l'aveu importe peu. S'il s'agit, en effet, d'une sodomie habituelle, les déformations anales sont telles que le diagnostic est absolument certain.

Quoi qu'il en soit, Messieurs, le médecin doit toujours chercher à obtenir l'aveu du coït anal, parce que, une fois obtenu, la femme n'éprouve plus de difficultés à fournir tous les renseignements qu'il importe de connaître pour apprécier la valeur diagnostique des signes de la sodomie, ainsi que les circonstances diverses qui ont présidé à l'accomplissement de cet acte.

Je vous devais, Messieurs, toutes ces considérations générales avant de commencer l'étude des déformations anales. Elles ont, il est vrai, bien des côtés répugnants, j'ai fait mon possible pour les atténuer. Puissé-je y être parvenu ! Mon devoir, je le répète, était de vous les faire connaître, parce qu'elles facilitent l'étude clinique des déformations de l'anus, qu'elles ont pour le médecin une réelle valeur alors qu'il doit établir un diagnostic précis.

A toutes ces considérations étiologiques, à toutes ces considérations sur les procédés à employer pour interroger les malades, j'aurais pu en ajouter d'autres et insister notamment sur les moyens d'exploration de la région anale ; mais ils ont été trop bien décrits par Tardieu pour qu'il soit utile d'y revenir. Du reste, la plupart, bons chez les pédérastes, sont rarement utiles, lorsqu'on a à examiner une femme sodomique. Ordinairement, les signes de la sodomie se reconnaissent en procédant à l'examen des organes génitaux, en faisant prendre à la malade le décubitus dorsal ou latéral, en lui faisant prendre, en un mot, la position qu'on juge la plus apte à faciliter l'examen. Parfois, cependant, il est nécessaire de faire mettre la femme dans la position genu-pectorale, afin de bien apprécier les lésions, leur gravité, le degré de leur étendue.

En écartant les fesses de la malade avec les mains, le médecin constate de suite les conséquences de la sodomie, au point de vue des altérations subies par la conformation extérieure de la région anale. Puis en dilatant l'orifice anal soit avec les doigts, soit avec le speculum *ani*, en pratiquant le toucher anal, il apprécie les altérations subies par la muqueuse ano-rectale, par le muscle sphinctérien. Le médecin doit procéder à cet examen avec lenteur, avec douceur, pour éviter d'une part la contraction du muscle releveur de l'anus, et d'autre part la contraction des muscles fessiers. Il procédera ainsi, à plus forte raison, alors qu'il est nécessaire d'obtenir par la fatigue, par la longueur de l'examen, la cessation des contractions des muscles précédents. Il faut savoir, en effet, que certaines femmes, que les prostituées surtout, font, comme les pédérastes

invétérés, tous leurs efforts pour gêner l'exploration de la région anale en contractant énergiquement le muscle releveur de l'anus ainsi que les
muscles fessiers. Mais, je le répète, avec de la
patience, de la ténacité, le médecin arrive facilement à vaincre cette résistance et à constater les
signes physiques de la sodomie dont je vais maintenant aborder l'étude.

Les déformations qui résultent du coït anal
sont, ai-je dit, des plus variables. Les raisons que
j'ai fait valoir pour expliquer la variabilité des
déformations vulvaires résultant de la défloration,
du coït vulvo-vaginal, se retrouvent pour les déformations anales résultant du coït anal. Ainsi que
les déformations vulvaires, les déformations
anales varient suivant que l'acte est récent ou ancien, suivant qu'il a été commis avec plus ou
moins de violence, suivant qu'il a été plus ou
moins répété, suivant qu'il est passager ou habituel, suivant que la disproportion des organes est
plus ou moins grande. Toutes ces circonstances
ne doivent pas être oubliées, alors qu'il faut apprécier les diverses déformations de l'anus. Sans
elles le médecin est exposé non seulement à méconnaître la sodomie et les affections qui en
sont parfois la conséquence, mais encore à com-

mettre des erreurs très préjudiciables pour sa con-
sidération, et funestes, fatales même pour les individus dont il peut entacher l'honorabilité en faisant
naître des soupçons injustes ou en les faisant condamner à des peines plus ou moins infamantes.

Cette étude des déformations anales mérite
donc la plus grande attention du médecin ; elle
exige la plus grande précision dans la recherche
des signes cliniques, dans la discussion du diagnostic. Les conclusions qui résultent de cette
étude ne sauraient être jamais assez nettes et
précises.

Quels sont les caractères cliniques de la sodomie ? Ils varient, ai-je dit, suivant que le coït anal
est récent ou ancien, passager ou habituel. Lorsque la sodomie est récente, on constate une rougeur plus ou moins vive de l'anus, un boursouflement plus ou moins grand de la muqueuse
anale. Celle-ci est excoriée, saignante, parfois
profondément déchirée et même ulcérée dans une
certaine partie de son étendue. Souvent autour
de la déchirure on constate une coloration violacée, de teinte ecchymotique, due au sang extra-
vasé et même une inflammation du tissu cellulaire
sous-jacent, des abcès, des fistules, ainsi que je
vous l'ai fait constater sur la malade de la salle

Cullerier. Quelquefois une sérosité sanguino-
lente et purulente baigne la région anale ; celle-
ci est douloureuse. La douleur est continue ou
passagère ; elle se montre surtout au moment de
la défécation ; la femme éprouve alors une cuisson
très vive qui, parfois, est extrêmement violente.
D'autres fois, la douleur survient après la défécation ; elle persiste plusieurs heures. Quoiqu'en
général elle soit moins excessive, on peut très
bien la comparer à la douleur constrictive de la
fissure à l'anus. Si cette douleur est continue,
persistante, la marche devient difficile, pénible ;
la malade éprouve une certaine gêne à rester assise ; le décubitus dorsal seul la soulage.

L'examen de la région fait constater les signes
suivants : par le toucher, on trouve que l'orifice
anal est légèrement dilaté, ainsi que je viens de
vous le montrer chez l'une des malades entrée
aujourd'hui même dans mon service. En même
temps l'anus est refoulé en haut. Le sphincter qui
n'a pas encore perdu sa tonicité, résiste ; aussi
est-il de même refoulé en haut ; d'où il résulte une
légère dépression de la région anale, un commencement d'infundibulum portant surtout sur l'anus.
Dans certains cas, et notamment chez la malade
que nous venons d'examiner ensemble, la toni-

cité sphinctérienne est moins grande ; le muscle est moins contractile ; le toucher anal est plus facile ; la dilatation de l'anus plus prononcé. Ce fait s'observe alors surtout qu'il y a disproportion dans le volume des organes ou que la sodomie a été répétée plusieurs fois. C'est, dans ces circonstances, alors qu'il s'y ajoute une résistance sphinctérienne prononcée, que vous constatez une dépression de la région anale, un commencement d'infundibulum, comparable à l'infundibulum vulvaire qui, ai-je dit, indique une défloration rendue difficile par la tonicité du muscle constricteur de l'anneau vulvaire.

Les circonstances étiologiques qui président à la formation de ces deux déformations vulvaires ou anales sont en effet exactement les mêmes. Ainsi les déformations vulvaires résultant du coït indiquent que le volume de la verge n'est pas en proportion de la dimension de l'orifice vulvo-vaginal ou bien que la résistance du constricteur vulvaire est très grande. Aussi voyons-nous la vulve refoulée en arrière et en haut, la fourchette déprimée. Par suite de ce refoulement des parties constituantes de la vulve, il se forme en avant de l'orifice vulvaire un canal qui a reçu le nom d'infundibulum vulvaire.

De même, à l'anus. Alors que le coït anal est difficile, répété plusieurs fois, toujours avec la même difficulté, par suite de la tonicité sphinctérienne ou par suite de la disproportion du volume des organes, l'infundibulum se produit en même temps que l'orifice anal est repoussé en haut ainsi que les parties environnantes. Dès lors il est facile de comprendre que si le cas contraire se présente, c'est-à-dire si le muscle sphinctérien ne résiste pas, si l'orifice anal se laisse pénétrer facilement par la verge, le refoulement de l'anus ne se produira pas, l'infundibulum ne se formera pas. Ces signes feront défaut tout comme ils le font dans la défloration vulvo-vaginale facile.

Quoi qu'il en soit, Messieurs, de l'explication que je viens de donner et de l'analogie que j'ai établie entre la production des déformations vulvaires et anales, retenons ce fait, à savoir : l'infundibulum anal est l'indice d'un coït anal pénible, difficile et répété un certain nombre de fois. Il n'est donc pas étonnant que ce signe manque souvent dans la sodomie récente. Aussi ne doit-il pas être considéré comme caractéristique de cet acte contre nature. Devant revenir sur la signification clinique de ce signe à propos de la description de la sodomie habituelle, je n'insiste pas davantage. Je me contente d'avoir appelé votre attention sur la valeur qu'il faut lui attribuer dans le diagnostic de la sodomie et de vous épargner ainsi bien des mécomptes et des erreurs grossières.

La sodomie récente s'observe rarement en ville, vous en connaissez les raisons. Les femmes ne consultent les médecins que si les souffrances sont vives, intolérables, que si les accidents sont graves et intenses. Toutefois j'ai pu en recueillir plusieurs observations parmi lesquelles je vous citerai la suivante.

Pendant la Commune, je fus requis un jour (requis est le mot, car il s'agissait d'un ordre formel) de me rendre, toute affaire cessante, à la caserne du quai d'Orsay, pour y donner des soins à une femme qui venait d'être atteinte, me disait-on, d'une hémorrhagie anale des plus abondantes. Je crus d'abord à une rupture de veines hémorrhoïdales. Mais en examinant la malade, je constatai que l'anus présentait plusieurs déchirures en rayon, que la muqueuse anale était déchirée par places et que les téguments environnants étaient violacés. L'hémorrhagie, du reste, était peu abondante ; la compression exercée sur l'anus par les personnes présentes avait déjà produit son effet. Ne constatant la présence d'aucune tumeur hémorrhoïdale, constatant au contraire les signes d'une blessure anale, j'admis aussitôt que ces accidents résultaient d'un rapport contre nature, et le commandant de la caserne, qui m'avait requis par ordre de la Commune, m'avoua aussitôt qu'il avait essayé de pratiquer la sodomie sur cette femme et que c'était après un violent effort pour introduire la verge dans l'anus que la femme avait été prise de syncope et d'hémorrhagie.

La sodomie récente s'observe le plus ordinairement à l'hôpital, principalement à l'hôpital de Lourcine. Il n'est pas de semaine où je ne vous montre un ou deux cas. Nos malades viennent à l'hôpital, tantôt avec les symptômes d'une rectite aiguë, d'une rectite traumatique, ainsi que vous en avez vu un bel exemple sur la malade de la salle Cullerier, la femme au bouchon ; tantôt avec les symptômes d'une affection anale contagieuse due le plus souvent à des chancres simples, parfois à des chancres syphilitiques. Il faut savoir, en effet, que le coït anal, aussi bien que le coït vaginal, est un agent de propagation des affections virulentes. C'est à ce titre que j'ai eu l'occasion de vous montrer un cas bien rare, je veux parler d'une malade, salle Natalis Guillot, atteinte

d'une blennorrhagie anale qui lui avait été communiquée par son amant dans des rapports contre
nature pour ainsi dire journaliers. Ce cas n'est
pas unique dans la science ; il en existe un autre
consigné par A. Tardieu dans son travail sur la
pédérastie. Cet auteur rapporte l'observation
d'une blennorrhagie anale résultant d'actes de
pédérastie chez un individu qui avait eu des relations notoires avec un autre atteint de blennorrhagie uréthrale. Elle était caractérisée, comme
chez la malade de mon service, par un écoulement verdâtre assez abondant.

Chez les malades de mon service, il est aussi
une particularité qui vous explique pourquoi la
sodomie récente est si fréquemment observée.
La plupart de ces malades sont atteintes d'une affection vulvaire, vaginale ou utérine. Ces affections, ai-je dit, gênent le coït vaginal ; aussi
la femme préfère le coït anal, afin de ne pas mé-
contenter, suivant son expression, son amant
et l'empêcher surtout, autant que possible, de lui
faire des infidélités. Ces faits sont tellement
caractéristiques qu'il est permis de poser l'apho-
risme suivant : Toutes les fois qu'une femme est
atteinte d'une affection des organes génito-
sexuels rendant le coït vaginal difficile ou im-

possible, le médecin doit examiner la région anale et s'assurer qu'il n'existe pas de déformations en rapport avec la sodomie. A l'hôpital, dans la plupart des cas, il constatera ces déformations. En ville il les constatera assez souvent. J'en ai recueilli plusieurs observations.

Tels sont, Messieurs, les signes qui révèlent la sodomie récente, passagère. Voyons maintenant ceux qui caractérisent la sodomie habituelle, ancienne, invétérée.

Lorsque l'acte sodomique est habituel, fréquent, qu'il remonte à plusieurs mois, à plusieurs années, les signes qui accusent l'inflammation traumatique de l'anus font défaut. L'inflammation de la muqueuse anale, les déchirures de cette muqueuse, les ecchymoses des téguments, les abcès fistuleux ne se rencontrent pas. Par contre, certains autres apparaissent, et quelques-uns, signalés à propos de la sodomie passagère, s'accentuent. Ces signes, qui ont été très bien décrits par A. Tardieu, consistent dans la déformation infundibuliforme de l'anus, le relâchement du sphincter, l'effacement des plis radiés, la dilatation de l'orifice anal, l'incontinence des matières fécales et des gaz intestinaux. Étudions-les séparément afin d'en saisir les particularités essentielles.

Parlons d'abord de l'infundibulum anal. Cette déformation a frappé de tout temps les observateurs ; les uns en ont nié la valeur, d'autres l'ont exagérée. Signalée par Cullerier, elle a été niée par Jacquemin, Collineau, Parent-Duchâtelet. Actuellement elle est presque niée par le professeur Brouardel. Cette divergence d'opinion tient, Messieurs, à ce que, dans certains cas, cette déformation existe, tandis qu'elle manque dans d'autres. Je vous ai donné les raisons de son existence ou de son absence, alors que j'ai recherché les conditions étiologiques qui président à sa formation ; alors que j'ai montré le mécanisme de sa production, en établissant que l'infundibulum anal résultait d'une part de la résistance du muscle sphinctérien et d'autre part de la disproportion dans le volume des organes. Toutes les fois, je le répète, que ces conditions existent ou ont existé, vous êtes assuré de constater cette déformation aussi bien chez la femme que chez l'homme. A. Tardieu, vous le savez, dans son mémoire sur la pédérastie, a fait de cette déformation une étude complète ; aussi admet-il son existence dans la plupart des cas. Quant à moi, j'admets aussi son existence comme indéniable, indiscutable. Il me serait facile de vous montrer, en faisant la statistique de mes observations, qu'elle existe de soixante à quatre-vingts fois sur cent.

Entre beaucoup d'exemples, laissez-moi vous citer les trois faits suivants. Le premier est celui d'une jeune femme de vingt-six ans, domestique, entrée, le 31 juillet 1877, salle Saint-Alexis n° 20, pour un chancre infectant de l'anus. Cette malade avoue qu'habituellement son amant pratique le coït anal. Les deux ou trois premières fois, elle éprouva une violente douleur par suite de la difficulté qu'eut son amant à franchir l'orifice. Depuis, la sodomie se pratique sans difficulté et sans douleur. Il existe un infundibulum des plus marqués. L'anus est refoulé en haut, il est très dilaté, il est entouré de nombreuses tumeurs hémorrhoïdales. Les matières et les gaz se perdent involontairement. Depuis quinze jours, elle se plaint d'une douleur à l'anus, se montrant surtout pendant l'acte sodomique et la défécation. Sur la paroi postérieure de l'anus, je constate une érosion chancreuse syphilitique reposant sur une base indurée.

Le deuxième se rapporte de même à une jeune femme de vingt-huit ans, domestique, entrée, le 11 mars 1879, salle Saint-Louis n° 10, pour une métrite chronique avec adéno-lymphite double. Elle raconte qu'elle se livre habituellement à la sodomie avec son amant, parce que les rapports sexuels sont douloureux depuis deux ou trois ans. Elle perd involontairement les gaz intestinaux et les matières fécales, surtout lorsqu'il existe de la diarrhée. En écartant les fesses, on trouve un infundibulum très marqué, formé par la région anale. Cet infundibulum est assez long ; il mesure deux à trois centimètres ; il donne la sensation au doigt d'un canal parcouru habituellement par un corps rigide. A son sommet, se voit l'orifice anal refoulé en haut. Cet orifice est très dilaté. En augmentant la dilatation avec deux doigts, ce qui s'obtient facilement, on voit la muqueuse rectale, flasque, légèrement violacée. Le doigt constate que le sphincter a perdu en partie sa tonicité. Le sphincter, une fois franchi, on constate que l'infundibulum se continue avec un trajet intra-rectal qui se dirige vers la paroi postérieure de l'utérus.

Le troisième, enfin, est une jeune fille de dix-sept ans, entrée, le 3 novembre 1880, salle Saint-Alexis n° 19. Depuis quatre mois, elle se livre à la sodomie avec ses amants. Au début, l'acte sodomique était difficile, douloureux, puis il devint facile, non douloureux. En écartant les fesses, on voit que l'anus est refoulé en haut et qu'il est

précédé d'un canal infundibuliforme court, constitué surtout par la région anale. En pratiquant le
toucher, on constate, outre la dilatation de l'anus
qui admet facilement deux doigts, la diminution
de la tonicité du sphincter anal, la dépression de
la région anale qui est lisse par suite de l'effacement des plis radiés. Cette malade accuse enfin
une déperdition involontaire des gaz intestinaux
et des matières fécales, surtout lorsque ces dernières sont liquides, diarrhéiques.

La déformation infundibuliforme de l'anus, est,
je le répète, réelle ; il faut seulement savoir la
rechercher, l'apprécier. A cet égard, je ne puis
mieux faire que rappeler la description si exacte
qui nous a été donnée par A. Tardieu.

« La déformation infundibuliforme de l'anus,
dit l'éminent professeur, résulte, d'une part, du
refoulement graduel des parties qui sont situées
au-devant de l'anus, et d'autre part, de la résistance qu'oppose l'extrémité supérieure du sphincter à l'intromission complète de la verge dans le
rectum. Le sphincter, en effet, forme au-dessus
de l'anus une sorte de canal musculaire contractile, dont la hauteur atteint parfois jusqu'à trois
à quatre centimètres ; de telle sorte que la partie
inférieure de l'anneau peut céder et se laisser re-

pousser vers la supérieure qui, résistant davantage, reste au fond d'une sorte d'entonnoir dont la partie la plus évasée est circonscrite par le rebord des fesses, et dont la portion rétrécie se prolonge à travers l'orifice anal jusqu'au sphincter refoulé, réduit à un simple anneau qui ferme plus ou moins complètement l'entrée de l'intestin. »

« Si j'ai réussi, continue l'éminent professeur, à me faire comprendre, on doit voir que l'infundibulum sera plus ou moins large, plus ou moins profond, suivant l'état d'embonpoint ou de maigreur, et la saillie plus ou moins prononcée des fesses. Chez les individus très gras, dont les masses fessières sont très prononcées, l'infundibulum manque souvent ; ou du moins, formé uniquement au niveau et aux dépens du sphincter anal, il est très court et ne s'aperçoit que lorsque les fesses sont très fortement écartées, et lorsque l'on a soin d'exercer une traction assez forte sur les côtés de l'anus. Chez les individus très maigres, il peut également faire défaut, parce que le rebord inférieur des fesses étant presque nul, il n'y a pas de refoulement des parties molles, et que l'anus se trouve ou superficiellement placé, comme on le voit surtout chez les femmes très

amaigries, ou au fond d'une excavation naturelle,
qui n'affecte pas la disposition infundibuliforme.
Celle-ci n'est jamais plus prononcée que chez les
pédérastes d'un embonpoint modéré, chez lesquels
les fesses, un peu molles, vont en se déprimant
depuis leur méplat jusqu'aux bords de l'ouverture
anale, de manière à former un entonnoir à large
ouverture, plus ou moins rétréci vers le fond, et
que l'écartement des fesses rend facilement visi-
ble. »

Je ne saurais, Messieurs, rien ajouter de plus
à cette description classique de l'infundibulum
anal. Vous appréciez son origine, sa formation ;
vous appréciez notamment les conditions qui favorisent son développement et vous comprenez
maintenant pourquoi cette déformation n'est pas
constante ; pourquoi elle ne saurait à elle seule
constituer un caractère pathognomonique du coït
anal. Il est, toutefois, un point que je dois vous
faire remarquer et qui appartient à l'étude de la
sodomie chez la femme. C'est le suivant. En même
temps que le refoulement de l'anus en haut, si vous
ne constatez pas la présence d'un infundibulum tel
que je viens de le décrire, n'allez pas croire qu'il
soit absent. Dans bien des cas, en effet, par un
examen attentif, par le toucher anal, vous con-

statez un infundibulum formé, non aux dépens
des fesses, mais bien aux dépens de l'anus et du
sphincter, de telle sorte que le doigt, dirigé d'arrière en avant et de bas en haut, a la sensation
d'une petite dépression annulaire, en forme de
cupule, logeant l'extrémité du doigt explorateur.
Ce caractère est fort important, et si vous vous en
souvenez, nous l'avons rencontré un certain nombre de fois, notamment ce matin chez plusieurs
malades de la salle Natalis Guillot. J'appelle toute
votre attention sur cet infundibulum formé ainsi
aux dépens de l'anus, rien que de l'anus, parce que
les auteurs me paraissent en avoir méconnu
l'existence.

Outre cette déformation infundibuliforme, le
sphincter est relâché ; les plis radiés sont effacés.
Ces deux signes sont très importants dans l'histoire clinique des déformations anales par sodomie. En effet, ils ne font jamais défaut dans la
sodomie invétérée. A. Tardieu, avec raison, attache avec Zacchias, Casper, une grande valeur
diagnostique à l'existence de ces deux signes qui,
dit-il, se rencontrent alors même que l'infundibulum fait défaut. Pour ma part, j'ai toujours
constaté le relâchement du sphincter et l'effacement des plis radiés. On comprend, en effet, que

leur existence soit constante dans la sodomie invétérée. Les conditions nécessaires à leur formation, à leur développement, ne sont plus les mêmes
que pour la production de l'infundibulum. Il n'est
nul besoin de résistance, de disproportion de volume des organes. Il n'est pas nécessaire que le
coït anal s'accomplisse facilement ou difficilement ; il suffit pour les produire que l'acte sodomique se répète souvent, fréquemment. Le frottement, le passage de la verge suffit pour dilater
l'anus, produire le relâchement du sphincter et
l'effacement des plis radiés. Aussi se montrent-ils
toujours dans la sodomie habituelle. De même
que, dans la défloration vaginale, la tonicité du
constricteur vulvaire s'émousse peu à peu, que le
muscle se relâche, le coït se pratique aisément ; de
même, dans la défloration anale, si j'ose faire
cette comparaison, la tonicité du muscle constricteur de l'anus se perd peu à peu, le sphincter se
relâche insensiblement, les plis s'effacent, le coït
anal se pratique facilement.

En même temps que ces deux phénomènes
morbides, si on dilate l'orifice anal avec les doigts,
on constate que la muqueuse rectale forme des
replis, et parfois un bourrelet saillant, épais. Ces
signes se rencontrent souvent chez les femmes

adonnées depuis longtemps à la sodomie, et en particulier chez celles atteintes de lésions vulvaires, qui, ai-je dit, portent obstacle au coït vaginal. Quant aux caroncules, aux excroissances, lésions que les satiriques latins appelaient *crista, mariscæ*, considérées par Zacchiàs comme un signe habituel de la sodomie, je ne les ai jamais rencontrées.

En même temps que ces déformations et lésions anales, on constate l'amincissement du sphincter, le refoulement de l'anus en haut et la dilatation de l'orifice anal, au point que les malades accusent la sortie involontaire des matières fécales et des gaz intestinaux. Par suite de cette dilatation anale, on introduit facilement dans le rectum, un, deux, et même trois doigts. En écartant les fesses on aperçoit un trou plus ou moins béant qui permet d'observer certaines lésions dont la muqueuse peut être atteinte, telles qu'ulcérations, hémorrhoïdes, fistules à l'anus, etc., etc. Ces lésions, considérées par le docteur Venot (de Bordeaux), comme conséquence de la sodomie habituelle, invétérée, ancienne, ne le sont nullement, à mon avis. Sauf les lésions inflammatoires, les lésions traumatiques de la sodomie récente, brusque, violente, je n'ai jamais observé de fistules, d'hémorrhoïdes chez les malades soumises à mon examen.

Ces lésions se montrent tout à fait en dehors de la sodomie invétérée. Elles peuvent exister avec elle, mais elles n'en sont pas la conséquence.

La sodomie s'accompagne fréquemment d'affections contagieuses, telles que chancre simple, chancre infectant, syphilitique, blennorrhagie. Sous ce rapport, la muqueuse anale, pas plus que la muqueuse vulvo-vaginale, n'échappe à la contagion. Le coït anal comme le coït vaginal en est l'agent. Aussi la présence de ces lésions confirme le plus souvent le diagnostic de la sodomie, ainsi que l'a établi A. Tardieu. Depuis le travail d'un de mes internes, M. Binet (1881), sur les chancres infectants de l'anus, dans lequel se trouvent relevées cinq observations, j'ai eu l'occasion d'observer de nouveaux cas (vingt environ). Dans tous ces faits, les chancres infectants ou non infectants se sont développés à la suite du coït anal.

Si cet acte est la cause ordinaire de la contagion du chancre syphilitique, je dois vous dire que, parfois, il ne peut être incriminé. Les chancres syphilitiques, les chancres simples de l'anus peuvent reconnaître une autre source contagieuse. Sans vouloir mentionner toutes les circonstances étiologiques du développement de ces chancres, je ne puis passer sous silence, toutefois, une pratique libidineuse que j'ai vue dans un cas être l'origine d'un chancre syphilitique de l'anus, je veux parler du contact de la langue sur l'orifice anal. C'était chez une jeune femme dont l'amant avait la langue couverte de syphilides.

Quant aux chancres simples, il suffit de se rappeler la facilité de leur auto-inoculation pour reconnaître que leur présence à l'anus n'est pas toujours synonyme de sodomie.

Il est donc nécessaire, pour bien établir la sodomie, de bien préciser les circonstances étiologiques qui l'ont précédée, ainsi que les déformations qui en sont la caractéristique.

Quant à la blennorrhagie anale, elle est des plus rares. A. Tardieu, ai-je dit, en a signalé un cas. L'année dernière, vous avez pu étudier avec moi un deuxième cas qui, par ses caractères cliniques, rougeur, boursouflement de la muqueuse ano-rectale, écoulement séro-purulent constant et sortant par pression, existant en dehors de toute ulcération et de toute fistule, n'a laissé aucun doute dans notre esprit sur l'existence de la blennorrhagie anale. Actuellement vous pouvez en observer un troisième cas sur une malade couchée dans la salle Natalis Guillot.

Chez l'homme, vous le savez, d'après A. Tardieu, on constate un habitus extérieur particulier, une allure, des goûts qui caractérisent le pédéraste. Chez la femme, vous ne trouvez pas cet habitus extérieur. Rien dans ses allures, dans sa démarche, dans son habillement, ne révèle la femme sodomique.

De même vous ne trouvez pas chez elle cette altération de la santé que A. Tardieu a signalée chez le pédéraste. Vous ne trouvez pas notamment cet aspect misérable, cette constitution apauvrie, cette pâleur maladive, cet épuisement des forces physiques et intellectuelles que vous rencontrez habituellement chez le prostitué pédéraste.

Chez la femme, donc, les déformations anales seules peuvent faire reconnaître la sodomie. Aussi, est-il nécessaire que le médecin se livre à un examen approfondi de la région anale, qu'il apprécie scrupuleusement tous les signes existants, avant de se prononcer affirmativement. Si, malgré tout son talent d'observation, malgré toute sa sagacité, toute son habileté clinique, il hésite à conclure, alors surtout qu'il s'agit de faire un rapport médico-légal, il doit faire connaître ses doutes, en exposant les motifs, les raisons qui le portent à ne pas donner des conclusions nettes et précises. Il vaut mieux passer pour un ignorant, faire absoudre même un coupable que de faire condamner ou entacher l'honorabilité d'un innocent.

Si le diagnostic des déformations dues à la sodomie est le plus ordinairement des plus faciles, il n'est pas moins vrai que, dans certains cas, il est très difficile. Les causes d'erreur, en effet, sont nombreuses. Il en est qui résultent de la difficulté d'examen; d'autres de certaines dispositions particulières, naturelles ou acquises, pouvant modifier la conformation des parties et rendre moins apparents et moins faciles à saisir les signes de la sodomie. Ainsi, si habituellement les malades de mon service ne font aucune difficulté pour faciliter l'examen de l'anus, pour avouer la sodomie, il en est pourtant qui s'efforcent de rendre cet examen très difficile. Tout comme les pédérastes, elles s'ingénient à dissimuler les traces caractéristiques de leur débauche; elles nient énergiquement, même devant l'évidence, tout rapport sodomique. C'est ainsi qu'elles contractent les fesses; qu'elles empêchent leur écartement, et par suite la constatation de l'infundibulum et du refoulement du sphincter. Parfois même, elles se contractent tellement qu'elles exagèrent la profondeur de l'infundibulum, ou bien elles le produisent artificiellement en contractant le releveur de l'anus, ainsi que l'a très bien montré le professeur Brouardel. Non prévenu, le médecin peut croire à l'existence d'un signe qui n'existe véritablement pas et commettre une erreur. Pour l'éviter, rien de plus simple, il faut ordonner à la femme de changer brusquement de position ; il faut la fatiguer en prolongeant l'examen, il faut, en un mot, employer tous les moyens bons à faire cesser la contraction musculaire. Celle-ci finit bientôt par céder ; l'examen *de visu* de la région anale devient facile ; le toucher rectal se pratique aisément et le médecin apprécie la tonicité du sphincter anal, le plus ou moins de résistance que ce muscle offre à l'introduction du doigt, ainsi que la dilatation plus ou moins prononcée de l'orifice anal.

Il est des causes d'erreur qui tiennent à une disposition particulière naturelle ou acquise de l'individu. Il suffit d'être prévenu de leur existence possible pour les éviter. C'est ainsi que le médecin ne confondra pas la flaccidité des chairs résultant de l'âge, les fistules de l'anus, les hémorrhoïdes, les cicatrices résultant d'opérations antérieures, avec les déformations anales de la sodomie. Un examen approfondi éloigne toute cause d'erreur. Celle-ci n'est guère possible que lorsque la sodomie coexiste avec l'une de ces lésions, et encore la recherche des antécédents, des circonstances étiologiques, l'aveu des malades, la constatation des déformations sodomiques, finissent par lever les doutes.

Tels sont, Messieurs, les éléments du diagnostic des déformations produites par le coït anal. Si, parmi les signes que je viens d'analyser, tous n'ont pas une même valeur diagnostique, il en est cependant dont la constatation suffit pour attribuer ces déformations à leur véritable origine. Je veux parler surtout du relâchement du muscle sphinctérien, de la perte de sa tonicité, de la sortie involontaire des matières fécales et des gaz intestinaux, de l'effacement des plis radiés de l'anus. Quant à l'infundibulum anal, pour Tardieu, comme pour moi, ce signe fait quelquefois défaut. Je me suis attaché à montrer les circonstances essentielles de son développement, de sa formation. Aussi, lorsqu'il existe en même temps que les précédents caractères, sa valeur diagnostique est des plus grandes ; il ne saurait exister alors de doutes sur l'origine des déformations anales. La constatation d'une affection contagieuse de l'anus corrobore de plus en plus le diagnostic.

En donnant un certain développement au diagnostic des déformations anales consécutives à la sodomie, j'ai voulu, Messieurs, vous mettre à même de les reconnaître, de les attribuer à leur véritable origine et répondre en même temps aux critiques qui n'ont pas manqué à l'œuvre de mon éminent et à jamais regretté maître, le professeur A. Tardieu. J'espère en avoir fait justice et vous avoir convaincus de la réalité des déformations produites par le coït anal.

Quant aux conséquences de la sodomie, en signalant dans la symptomatologie, la paraplégie, la perte de la tonicité, de la contractilité du sphincter, la sortie involontaire des gaz intestinaux et des matières fécales, l'inflammation et les lésions traumatiques de la muqueuse anale, les abcès de l'anus, les fistules anales, les affections contagieuses de l'anus, j'ai montré, qu'au point de vue du pronostic, le coït anal n'était pas exempt de dangers. Si le plus souvent, il donne lieu à une infirmité dégoûtante, il peut parfois être l'origine d'accidents graves tels que le rétrécissement du rectum.

Enfin il ne faut pas oublier qu'il est aussi l'origine de troubles nerveux graves, ainsi que nous le démontre l'observation de paraplégie que je vous ai communiquée.

Pour toutes ces raisons, Messieurs, il faut surveiller attentivement les lésions de la muqueuse ano-rectale consécutive à la sodomie récente ou ancienne, et les traiter suivant leur nature inflammatoire, constitutionnelle ou spécifique.

Arrivé à la fin de cette étude sur les déformations vulvaires et anales produites par la masturbation, le saphisme, la défloration, la sodomie, je ne puis, Messieurs, que vous remercier de votre bienveillante attention, de votre concours assidu. Vous avez compris que cette étude, malgré ses côtés répugnants, est pour le médecin du plus haut intérêt, non seulement par les hautes questions de sociologie qu'elle soulève, mais encore parce qu'il y trouve l'explication de perturbations profondes soit dans l'organisme et la constitution de la femme, soit dans l'intégrité des organes génito-sexuels. Il y trouve souvent aussi l'explication des récidives, des rechutes si nombreuses, si fréquentes des affections vulvo-vaginales et utérines. A tous ces titres, donc, ainsi je le disais en commençant ces leçons, je vous devais cette étude. Laissez-moi espérer que je n'ai pas été trop au-dessous de mon sujet, et que, malgré les côtés scabreux qui surgissaient en foule à mesure que j'avançais dans la description clinique des déformations vulvaires et anales, dans la recherche de leur production, de leur développement, dans l'étude des conditions étiologiques qui favorisent leur fréquence, leur progression constante depuis certain nombre d'années, j'ai su garder dans mon langage la plus grande réserve.

TABLE DES MATIÈRES

pages

CONSIDÉRATIONS GÉNÉRALES 1

CONSIDÉRATIONS SUR L'ÉTIOLOGIE DES DÉFORMATIONS VUL-
VAIRES ET ANALES.. 5

CONSIDÉRATIONS ÉTIOLOGIQUES SUR LE SAPHISME.......... 10

CONSIDÉRATIONS ANATOMIQUES SUR LA VULVE............. 23

DÉFORMATIONS VULVAIRES PRODUITES PAR LA MASTURBATION 34

Caractères cliniques de ces déformations........ 38

Lésions produites par la masturbation manuelle.......... 42

Caractères cliniques de la masturbation par le frottement
des cuisses.................................... 43

Caractères cliniques du saphisme.................... 45

Lésions produites par le saphisme.................. 49

Accidents généraux de la masturbation.............. 50

Considérations sur les moyens de remédier à la masturbation...................................... 54

DÉFORMATIONS VULVAIRES PRODUITES PAR LA DÉFLORATION. 58

Conditions étiologiques.............................. 61

Caractères cliniques................................ 67

La prostitution produit-elle des déformations............. 72

DÉFORMATIONS ANALES PRODUITES PAR LA SODOMIE........ 81

Conditions étiologiques.............................. 84

Caractères cliniques de la sodomie.................. 98

Sodomie récente................................... 103

Sodomie habituelle................................ 112

Diagnostic 125

Conséquences de la sodomie........................ 128

Conclusions...................................... 129

Châteauroux. — Typographie et Stéréotypie A. Majesté

MARTINEAU, Médecin à l'hôpital de Lourcine, etc. **Leçons sur la Thérapeutique de la syphilis** in-8. 1883................

POUILLET. **Essai médico-philosophique sur les formes, les causes, les signes, les conséquences et le traitement de l'onanisme chez la femme.** 3e édition. 1 v. in-18...... 3 fr. 50

— **Etude médico-psychologique sur l'onanisme chez l'homme,** précédée d'une introduction sur les autres abus génitaux. 1 vol. in-18............................... 3 fr. 50

— **La spermatorrhée,** ou Traité des pertes séminales. 2e édition. 1 vol. in-18................................ 3 fr. 50

— **Des écoulements blennorrhagiques** contagieux, aigus et chroniques, de l'homme et de la femme, par l'urèthre, la vulve, le vagin et le rectum. De leurs accidents et de leurs complications, suivis d'une étude sur les écoulements blancs non contagieux par les organes génitaux chez les deux sexes. 1 vol. in-18..................... 5 fr.

BRAID. **Neurypnologie. Traité du sommeil nerveux ou hypnotisme.** Traduit de l'anglais par le Dr J. Simon, avec une préface du Professeur Brown-Séquard. 1 vol. in-18............. 3 fr. 50

LANGLEBERT. **Aphorismes sur les maladies vénériennes** suivis d'un formulaire magistral pour le traitement de ces maladies. 1 vol. in-32, avec fig. 2e edit., revue et augmentée........ 3 fr. 50

— **La syphilis dans ses rapports avec le mariage.** 1 vol. in-12 de 332 pages................................ 3 fr. 50

— **Lettre à Émile** sur l'art de se préserver du mal vénérien et des charlatans qui l'exploitent, pour faire suite à tous les traités d'éducation destinés aux jeunes gens. 1 vol. in-18. 1880............. 1 fr.

BRA. **Manuel des maladies mentales.** 1 vol. in-18...... 4 fr.

BOSSU. **Lois et mystères** des fonctions de reproduction considérées dans tous les êtres animés, spécialement chez l'homme et chez la femme. 1 vol. in-18, avec 2 planches coloriées................ 5 fr.

NOTTA. **Médecins et clients.** 2e édition. 1 vol. in-18 de 188 pages. 1876..................................... 2 fr. 50

RIANT. **Leçons d'hygiène,** contenant les matières du programme officiel adopté par le ministre de l'instruction publique pour les lycées et les écoles normales. 2e édition. 1 beau vol. in-18.......... 9 fr.

PIORRY. **La médecine du bon sens.** De l'emploi des petits moyens en médecine et en thérapeutique. 2e édit. 1 vol. in-12. 5 fr.

LE BRET, président de la Société d'hydrologie médicale de Paris, etc. **Manuel médical des eaux minérales.** 1 vol. in-18, 1874, Broché, 5 fr. 50. Cart..................... 6 fr.

GÉRARD. **Traité pratique des maladies de l'appareil génital de la femme,** avec une notice sur la stérilité et le moyen d'y remédier par la fécondation artificielle. 2e éd. 1 vol. in-12 .... 5 fr.

— **Conseils d'hygiène et d'alimentation** pour tous les âges de la vie, résumés en trois mille aphorismes, par le Dr J. GÉRARD. 1 vol. in-18................................... 5 fr.

Châteauroux. — Typ. et stéréotyp. A. MAJESTÉ.

www.ingramcontent.com/pod-product-compliance
Lightning Source LLC
Chambersburg PA
CBHW062017200326
41519CB00017B/4824